Space and Chinese Furnishings

来自传统文化的礼物

中国未来设计新趋势

目 录

作 者

贾慧果

故宫博物院修缮技艺部工程师，主要从事古树名木的保护、管理工作，研究方向为古树名木养护及明清宫廷花卉历史。

朱传荣

1957 年生于北京，1986 年入故宫博物院紫禁城出版社（即故宫出版社）做编辑。

钟长海、陈鹭

钟长海，中国观赏石协会理论专业委员会主任，《中国石谱》副主编，中国观赏石一级鉴评师、高级评估师。长期从事观赏石的理论、历史、鉴赏、研究工作。陈鹭，北京交通大学建筑与艺术学院教师。主要从事园林规划与设计工作。

贾立新

故宫博物院副研究员，1999 年参与建福宫花园复建工程的前期工作，负责花园陈设档案资料的收集，整理校对《紫禁城建福宫花园资料汇编》资料集，2009 年开始主持建福宫花园的管理事务。

俞 莹

资深媒体人，赏石艺术发烧友，中国观赏石协会常务理事，著有《玩石指南》等赏石书籍。

黄希明

故宫博物院古建部研究员，1975 年来院工程队（今修缮技艺部）瓦工组工作，1980 年调到古建部研究组，主要从事故宫古建筑资料收集整理工作。

韩光辉、陈喜波、王洪波

韩光辉，北京大学城市与环境学院历史地理研究中心教授，主要研究方向区域历史地理与文化地理。陈喜波，北京物资学院商学院教授，主要研究近现代城市地理。王洪波，北京大学城市与环境学院博士。

王亚民

故宫博物院副院长、故宫出版社社长。

罗 涵

故宫博物院馆员，英国宝石协会会员，资产评估师（珠宝）。2010 年中山大学硕士毕业后进入故宫博物院从事珠宝玉石类文物保护、修复和研究工作，致力于古董珠宝文化探源及其美学价值探讨。

受访者

徐超英

故宫博物院古建部副研究员，负责室外陈设文物的管理工作十年有余，曾参与故宫御花园室外陈设的迁移。

安 南（Ornan Rotem）

英国希尔芙出版社出版人，其摄影作品能捕捉石头的神韵，出版《Concepting Rocks》《Crags and ravines make a marvellous view》等与赏石有关的书籍。

李建国

故宫博物院修缮技艺部工作人员，1974 年进入工程队，担任石作工长，2000 年起负责建福宫修缮项目中石质文物的修复与保护工作。

马克斯（Marcus Flacks）

英国收藏家，古董商人，藏石丰富，撰有藏石专著《Concepting Rocks》。

丁文父

《御苑赏石》《中国古代赏石》作者。

刘 丹

水墨画家。他以赏石的意象结构生成形态为编码，在东方时空观所独擅的变化系统中，开创了一种将中国山水画由宏观认知转向微观认知的全新造型语言。

王建平

收藏家，古董商人，从上世纪 90 年代起开始接触赏石、石座等石质古董，特别关注山东等北方地区的赏石。

宁 霄

故宫博物院宁寿宫开放处科员，熟悉宁寿宫每一块石头的位置、姿态、故事。本书制作期间曾多次与有关专家学者和编辑一同走访宁寿宫赏石。

摄影师

枰 乐

故宫摄影师，博物馆馆员。北京工业大学经管学院项目管理专业毕业，工程硕士学位，在故宫博物院工作十余年，从事文物摄影工作。

史宁昌

故宫博物院文保科技部职工，从事文物保护科技工作，业余爱好摄影。

于 洪

职业摄影师，从事摄影 20 年，主要从事传统空间、器物的拍摄，《中国书房》首席摄影师，《清风山房明清家具》摄影师，与多家机构有传统器具拍摄项目的合作。

任 超

曾任职于《华夏地理》与《紫禁城》杂志，现为自由摄影师，拍摄题材多为文物与古建筑，与北京大学、北京市文物局、故宫出版社等多家机构合作。

华 胥

关注故宫的文博爱好者。曾编纂 2013 ~ 2015 年版《故宫日历》，为中国邮政发行的《故宫博物院》特种邮票本册进行内容规划和撰稿。

柳叶氘

本科读博物馆学，硕士读考古学，毕业后跑到故宫做新媒体，但，一直在拍照。从博物馆里的瓶瓶罐罐，到紫禁城里的风花雪月，坐实了"一只带文博属性的视觉动物"的称号。

李玉祥

旅居北京的南京人。中国摄影家协会会员，生活·读书·新知三联书店特约编辑，中国民间文化遗产抢救工程专家委员会委员，曾出版《老房子》系列与《乡土中国》系列。

孔祥哲

2010 年毕业于中央美术学院摄影专业，2010 年至今从事摄影行业，GUI JU STUDIO 摄影总监及创始人。曾与《时尚先生》《GQ》等多家媒体合作，曾担任《凿枘工巧》《大漆家具》《凿枘工巧中国古卧具》《大成若缺》《赏昕集》《悦木集》等书的摄影师。

林 京

广东澄海人，毕业于北京师范大学哲学系，1976 年就职于故宫博物院。历史照片研究专家，摄影师，文化部侨联委员，中国摄影艺术学会会员，中国紫禁城学会会员。

插画作者

谢小振

毕业于同济大学建筑与城市规划学院风景园林专业，景观建筑师、插画师，热爱动植物及传统建筑绘画。

（按书中出现先后顺序排序）

Content

纪实

葳蕤与缄默

禁中植物荣枯有序，应时序之变；御苑赏石倚风依树，合空间之理。一木一石，是造园的基础素材，是源于自然的馈赠。它们负载丰富的想象与灵感，见证比王朝更久远的历史，也在迎候今人走入往昔。

从御花园御景亭西望

紫禁城古树名花寻踪

文／贾慧果　摄影／枰乐等

「名园易得，古树难求」，古树名木是「活文物」，更是历史的见证。

故宫旧称紫禁城，已历经近 600 年沧桑，除了宏伟的古建筑，还存有同样年代久远、具有历史文化内涵的活文物——古树与花卉。它们丰富了故宫园林景观，增添了故宫的生气与活力，有些已消失，有些至今仍在园中静静生长。

绿荫向人浓——探访御苑名木

“名园易得，古树难求”，古树名木是“活文物”，更是历史的见证。紫禁城前三殿与后三宫皆不种树，树木主要集中栽植于内廷宫殿及宫廷花园。紫禁城内现存古树名木共计 448 株，其中一级古树名木 105 株，二级古树名木 343 株，主要树种涉及桧柏、侧柏、油松、白皮松、国槐、楸树、龙爪槐、银杏等 10 种。松柏类常绿树种占比例较大，主要分布于御花园、宁寿宫花园、慈宁宫花园以及英华殿、文华殿等处。

御花园区

御花园位于紫禁城中轴线最北端，明代称为“宫后苑”，清代称御花园。御花园建于明永乐十八年（1420），后曾不断增修，现仍保留初建时基本格局。御花园现存古树名木 111 株，以常绿松柏为主，一级古树名木 49 株，二级古树名木 62 株，桧柏 73 株，侧柏 31 株，白皮松、龙爪槐、楸树各 2 ~ 3 株。

摛藻堂西侧“遮荫侯”

中文名：桧柏　　　　　　别 名：圆柏、刺柏

拉丁学名：*Sabina chinensis* (L.)Ant.

科：柏科　　　　　　　　属：圆柏属

摛藻堂位于御花园东北部，修建于乾隆年间，曾贮藏《四库全书荟要》，其西侧堆秀山东北角，假山湖石间生长有一株古桧柏，主干向南倾斜，宛若一株天然盆景，在乾隆年间属于御花园中最长寿的古树。传说乾隆帝某次下江南，古柏随驾而行。船行至江中，烈日当空，此树替皇帝遮荫纳凉。回京后，乾隆帝认出了这棵柏树，封其“遮荫侯”，感慨而赋《御花园古柏行》：

摛藻堂边一株柏，根盘厚地枝擎天。八千春秋仅传说，厥寿少当四百年。御园松柏森森列，居然巨擘标苍颜。粗皮碑兀心不死，倚壁如拍洪崖肩。左日右月为两目，春草秋花参四禅。仙人炼气不炼肉，形若槁木神乃全。昔者公旦象六爻，是为九二见在田。又如瑶池会王母，赤松子应领群仙。韦偃直干不可得，而今谁者以神传。洪宣承平此曾阅，甲申桑海无还丹。乔木颇与世臣类，作歌讵止斐鸿篇。

传说诚然不足信，而诗句却是流传至今，其中“根盘厚地枝擎天”、“粗皮碑兀心不死”，从古柏根部、干皮、枝杈外部形态特征描述其当时的生长状况：虽老干粗皮，仍枝繁叶茂，雄伟不凡。“洪宣承平此曾阅”、“甲申桑海无还丹”、“乔木颇与世臣类”等句，称其历经明初、明中期承平盛世，直至甲申年明朝灭亡，堪与朝臣相比。诗刻于摛藻堂西侧墙壁，从而也间接说明了此古柏树龄，即在乾隆年至少已有四百年。乾隆帝又称这株古柏为“仙柏”，《摛藻堂》诗有句“文轩构琼苑，仙柏荫广宇”。嘉庆帝亦赋诗《古柏》：“古柏布清阴，悲含寸草心。先皇遗泽厚，雨露亿年深。”诗句刻于古柏根部湖石上。

乾隆帝亦曾御封北海团城古油松为“遮荫侯”。梁诗正《矢音集·恭和元韵》首四句云：“承光殿前有古栝，曾经丽藻垂九天。御花园柏更奇矫，长歌复作识岁半。”御封两株“遮荫侯”，对古松柏的喜爱之情溢于言表。

刻于湖石的嘉庆帝诗

摛藻堂边一株柏，根盘厚地枝拏天。
八千春秋仅传说，厥寿少当四百年。

被乾隆帝封为「遮荫侯」的古桧柏

因自然灾害、病虫害及自身生理特点等原因，树干形成了空洞，现已使用仿真树皮加以封堵保护。

内苑规模惬素心，延晖阁畔柏森森。
萧疏影动当窗竹，层叠苔生倚槛岑。

延晖阁前古柏林

延晖阁位于御花园西北角，是园内最高的建筑，明清时期植有翠柏修竹。乾隆二十六年（1761）《延晖阁春望》以“禁林崇阁枕红墙，暇日登临喜载阳。北户景山秀堪揖，南墀古柏俨成行”，描述了阁南树池内栽植成行柏树的史实（南北向栽植有4行柏树，共24株），更揭示了阁前柏林在当时已算是古树。道光帝的“前明创建御花园，高阁巍然倚禁垣。修竹数竿幽韵惬，长松百尺翠涛翻”，咸丰帝的“内苑规模惬素心，延晖阁畔柏森森。萧疏影动当窗竹，层叠苔生倚槛岑”，亦是当时情景写照。

值得一提的是延晖阁东南方一株古桧柏，自根颈部直到树干中部隆起一个个树瘤，树干直冲云霄，形成“高阁倚紫垣，翠柏映延晖”的景观。此古柏被称为“疙瘩柏”，它历经磨难，树干中空，干皮多处空洞破损，根部糟朽严重。2003年11月，这株古柏遭遇暴雪，全树唯一存活的枝杈被压折，遂寿终正寝，仅存一个干枯的枝杈；2016年6月，古柏因根部糟朽严重有倾倒之虞，呈报北京市园林绿化局申请移除。随后，故宫将对其树干、枝杈施行清除腐朽组织、杀菌除虫、防腐等一系列古树枝干修复工序，恢复古拙姿态后将之作为标本展览。

延晖阁前的古柏林中除了上述久负盛名的“疙瘩柏”，还生长有多株小“疙瘩柏”，这些柏树树干上或多或少也都长有大小不一的树瘤。

阁前除古柏外，兼植翠竹，今延晖阁西侧花台上以红色宫墙为背景，上栽植有数株修竹，配有三两根石笋、箬竹、牡丹，成为御花园一处别致的景观。

延晖阁东南方“疙瘩柏”
移除之前已经死去，计划于日后展出。

延晖阁前古柏姿态奇特的树瘤

“连理柏”

坤宁门至天一门甬道上有两株桧柏——“连理柏”。所谓“在地愿为连理枝”，“连理柏”在古代常被认为象征忠贞爱情。自然界的连理枝，是由于两个距离较近的枝杈树皮磨掉后长期接触，树皮内的形成层细胞生长在一起而形成。御花园内“连理柏”的树姿，是古代宫廷园艺师将两株柏树的枝杈通过靠接的园艺技术处理而形成的。具体做法，是将两株柏树临近的枝杈用利器去掉一部分，露出形成层，再将两个枝杈的形成层部分对齐，用油布等紧紧包裹，经过一段时间，它们就长在了一起。

这一处的“连理柏”，根、干分植，仅有一枝相连，有枝叶的部分俨然成为一个树冠。这两株古桧柏树龄达几百年，因树木生长或因当时靠接时连接部分很少，枝杈连接部分已慢慢分离，然而从正面看依然保持“连理”状态。

御花园内“连理柏”的树姿，是古代宫廷园艺师将两株柏树的枝杈通过靠接的园艺技术处理而形成的。

坤宁门至天一门前呈“连理”之态的古桧柏

天一门的“人字柏”

“人字柏”

“人字柏”是由一株树木通过造型而形成的，具体做法为：将一株柏树用利器从根部开始直到树干部分从一侧或从中间劈开，再分别栽植到两个树池内，劈开的伤口用油布包裹，以保证湿度，防止干燥，利于愈合。因其是由一棵树木造型而成，劈开部位以上仍是一个完整的树干，连接牢固永不分离。御花园内的“人字柏”共 6 株：万春亭东西南北四个门前各 1 株，天一门内 1 株，千秋亭北 1 株。

万春亭北“人字柏”（一级古树名木，已死亡）其树干劈开处最上部恰好劈在一个侧枝上，姿态奇特，与攀援其上的紫藤组成了“古柏藤萝”的御园佳景（详见下文）；万春亭西“人字柏”（为一级古树名木）是从树干一侧劈开，分栽至两个树池内，因分开的两个树干胸径相差悬殊，别具一格。而万春亭东、南“人字柏”树干较细，为二级古树名木，千秋亭北“人字柏”树干较粗，为一级古树名木。这也说明御花园古柏不仅是明初一次栽植，而是在明中后期或清代都有栽植。

天一门的“人字柏”（桧柏），为一级古树名木，树龄达 300 年以上，为故宫现在存活的“人字柏”之最，胸径 0.51 米，株高 8 米。这株古柏“人”字形姿态显著，形貌苍古，而树干中部西侧有一个修剪后的枝杈，酷似一只猕猴：褐色的树皮似背部，而反方向鼓起的光滑部分，肚皮、脑门、鼻子也清晰可见。

天一门的“人字柏”上状如猕猴的枝杈

万春亭西“人字柏”

御花园古柏不仅是明初一次栽植，而是在明中后期或清代都有栽植。

千秋亭北枝干较粗的“人字柏”

万春亭南枝干相对较细的“人字柏”

古柏藤萝

御花园以古柏为主要造景主题，万春亭北部的古柏与藤萝更以独特树姿及文化内涵组成了难得一景。此古柏树干被劈裂为两部分，栽植形成人字形，上面攀缘着藤萝。乾隆十一年（1746）的《咏御花园藤萝》中即有此景，“禁松三百余年久，女萝施之因亦寿。每携春色见薰风，似顾杏桃开笑口。或苍或艳虽不伦，齐年恰比列仙真。窥户小儿发已雪，双成绰约犹娇嫔。蜂衙蝶阵年年判，兔葵燕麦何须叹”，记述古柏、藤萝皆有悠久历史。春日藤萝花开于叶展之前，古柏苍翠、藤萝艳丽，蜂飞蝶戏，一派祥和烂漫。

禁松三百余年久，女萝施之因亦寿。
每携春色见薰风，似顾杏桃开笑口。

万春亭北状如驼峰的「人字柏」

古树名木受立地条件的限制以及自然灾害、病虫害的侵袭，加之自身生理特点等因素，不可避免会走向死亡。死亡的古柏因仍有观赏及历史价值，往往不被伐除，园艺师通过栽植藤萝、爬山虎等攀援植物，促其攀爬于古柏枝杈，提高观赏性。藤萝亦称紫藤，是豆科紫藤属落叶缠绕性藤本，羽状复叶，花紫色或深紫色，在我国的栽培历史可上溯至2000年前，《山海经》所载“卑山”上“多累”，“累”即紫藤。乾隆帝吟咏的古柏已无从考证，清宫遗留的藤萝也已无存，现在万春亭北古柏树池内的藤萝种于新中国成立后，几十年来长势愈盛，与已枯死的古柏浑然一体，因其独特造型被誉为“骆驼柏”。

除了万春亭北，故宫内还有两处“古柏藤萝”，分别存在于绛雪轩西侧绿地内及永和宫中。

紫藤挂云木，花蔓宜阳春。密叶隐歌鸟，香风留美人。

唐 李白《紫藤树》

永和宫内的古柏藤萝 贾慧果摄

“夫妻树”

中文名：侧柏　　　　别名：扁柏、扁松
拉丁学名：*Platycladus orientalis* (L.)Franco
科：柏科　　　　属：侧柏属

千秋亭南门前生长着两株古柏，挺拔秀丽，枝叶婆娑。这两株栽植于一个树池内的古柏相互依存生长，彼此顾盼，恰似恩爱夫妻。联想到与其对应的万春亭四门前的“人字柏”及千秋亭北树池的“人字柏”，是否可推测，古代园艺师当年也试图将这两株柏树栽培成“连理柏”，却没有成功，反而成就了今日的“夫妻树”呢？

“凤凰柏”

绛雪轩西北侧有一株古柏，其树冠枝杈造型别致，枝杈扭曲向上生长，虬曲的枝杈与婆娑的鳞叶融合而生，像一只羽翼丰满的展翅凤凰，从容翱翔在御花园上空。凤凰是中国神话传说中的百鸟之王，象征祥瑞，《山海经》载其“首文曰德，翼文曰义，背文曰礼，膺文曰仁，腹文曰信”。作为御花园中一株独特的古柏，“凤凰柏”承载的“德、义、礼、仁、信”与明清帝王遵循的儒家“五常”伦理相契。

千秋亭南门前的“夫妻树”

树冠状如凤凰展翅的古柏

钦安殿白皮松

中文名：白皮松　　别　名：白骨松、虎皮松、蛇皮松

拉丁学名：*Pinus bungeana* Zucc.

科：松科　　属：松属

钦安殿是御花园主体建筑，供奉玄天上帝。殿外环绕汉白玉石栏，栏下东、西两侧各栽一株白皮松。白皮松是中国特产的珍贵树种，叶形独特，“三针一束”，自古就被栽植于宫廷、庙宇中。白皮松树干呈斑驳状乳白色，寿命很长，有“白袍将军”之美誉。钦安殿西侧的白皮松，主干倾斜，树冠青翠，胸径达 1.16 米，树根外露，似一条偃卧的苍龙，更显清奇苍古。

堆秀山白皮松

堆秀山位于御花园东北角，建于明代，是园中至高点，由太湖石堆叠而成，气势高峻。山上的御景亭是全园登高观景的绝佳所在。堆秀山西南角的白皮松，气势宏伟，引人注目，是山上唯一的植物景观，虽生长于假山上，仍旧枝繁叶茂，与堆秀山融为一体，烘托出独有的山林意境。其冠中两主枝间还形成天然的“连理枝”，别具特色。

叶坠银钗细，花飞香粉干。
寺门烟雨里，浑作玉龙看。

明 张著《白松诗》

钦安殿前白皮松

堆秀山白皮松

龙爪槐枝杈造型

琼苑东门龙爪槐

中文名：龙爪槐　　　别　名：盘槐

拉丁学名：*Sophora japonica* L. var. *pendula* Loud.

科：豆科　　　属：槐属

槐，树姿优美，历史悠久。我国关于槐树的历史文献记载可追溯到2000多年以前，关于槐树的传说也广为流传。《周礼·秋官司寇》记载周代朝廷内栽植三槐、九棘，公卿大夫分坐其下，以定三公九卿之位，“三槐九棘”成为三公九卿的代称。“三槐”象征“三公”，因而“人多庭前植之，一取其荫，一取三槐吉兆，期许子孙三公之意”（陈淏子《花镜》）。自此槐树就有“宫槐”的称谓，历代皇宫多有栽植。《朱子语类》亦载：“国朝惟植槐楸，郁然有严毅气象。”不仅指出古时槐树就被栽植于天子宫殿里这一史实，同时指出栽植槐树的原因，不仅因其姿态优美，更因其蕴涵庄严、俊毅的特性，营造出宫殿崇高、庄严的氛围。可以看出，槐树及楸树自古就是高贵的、具有丰富文化内涵的植物。

龙爪槐是槐树的变种，由国槐做砧木嫁接而成，古时称其为盘槐，“肤理叶色俱与槐同，独枝从顶生，皆下垂，盘结蒙密如凉伞。性亦难长，历百年者，高不盈丈……甚有古致”（陈淏子《花镜》）。御花园琼苑东门内这株古龙爪槐，枝干虬曲，老态龙钟，冠大荫浓，枝条弯曲而下垂，像一把巨伞。株龄三百年以上，树高仅5米，胸径却达1.06米，树冠投影面积92平方米，被誉为“北京龙爪槐之最”。

坤宁门古楸

中文名：楸树　　　　别　名：金丝楸

拉丁学名：*Catalpa bungei* C.A.Mey

科：紫葳科　　　　属：梓属

自坤宁门出后三宫，门的东西两边各栽植有一株楸树，这两株古楸历经几百年，由于其超强的萌蘖力，已由原来的一株衍生成四五株，就像两盆丛林式盆景置于坤宁门门口。盛夏烈日炎炎，古楸却翠叶团团如盖，给御花园增添几许凉意。位于御花园西南角上的这株楸树被视为神树，传说清朝时每年专门从奉天运来黄土培在树下，并且严禁在此泼洒污水、倾倒脏土。现在的花台则是 20 世纪 50 年代时以砖砌成。

谁人与脱青罗帔，

看吐高花万万层。

唐 韩愈《游城南十六首·楸树二首》

坤宁门古楸

宁寿宫区

宁寿宫宫区在明代时为太后太妃养老之处，康熙二十八年（1689）初建宁寿宫宫区，乾隆三十六年至四十一年（1771—1776）增建宁寿宫。以锡庆门为正门，整个宁寿宫宫区分四部分：一为皇极门内皇极殿及宁寿宫区，二为养性殿、乐寿堂、颐和轩区域，三为西路的宁寿宫花园，四为东路的畅音阁至景福宫一带。宁寿宫宫区现存古树名木134株，主要涉及桧柏、油松、白皮松、楸树、侧柏5个树种，其中，宁寿宫花园共有古树名木53株，一级古树名木5株，其余为二级。

皇极门内“十八罗汉松”

中文名：油松　　别　名：短叶马尾松、东北黑松

拉丁学名：*Pinus tabulaeformis* Carr.

科：松科　　属：松属

皇极门与宁寿门之间的广场四周，靠近宫墙分布着一株株油松，这是宫中最古老的油松群，称“十八罗汉松”。

这是宫中最古老的油松群，称“十八罗汉松”。

油松连理枝

“十八罗汉松”造型多样，宛如天然盆景，有直干式、斜干式、曲干式、游龙式、双干式、三干式……西北角的三株树形更奇，枝杈盘曲多姿。园艺师打造了复合式支架，支撑油松下垂枝杈，它们一层层地向外扩充，像一把大伞，远望则似“三干式”盆景，高低参差。其中编号为 11010102036 的古松，树干扭曲，枝杈层层叠叠，由下向上看宛若游龙，为保护树冠，在其东南侧由树干向外支撑 3 层支架，堪称“游龙式”盆景；编号 11010102037 的古松高达 8 米，是盆景的“主角”，主枝间形成天然“连理枝”；编号 11010102038 的古松，树干倾斜达 45 度，枝杈盘旋而生，层层相叠，园艺师为保护这株古松，在其树冠四周支撑 4 层复合支架，上下两层支架，造就了这株古松奇特的造型，俨然“盘龙松”。

广场南部的一株古松（编号 11010102031），树干倾斜，下部一枝条斜伸于树冠外，宛若“斜干式”盆景。广场东部一树池内生长有两株古松，树干笔直挺拔，枝杈层次丰富，疏密有致，远远望去相互依存，宛若“双干式”盆景。

编号 11010102038 的古松

编号为11010102036的古松

皇极门广场南部古松

皇极门广场东侧古松

古华轩楸树

古华轩位于宁寿宫花园第一进院落，系坐北朝南的敞轩，西南向檐下的一株楸树，春夏之交花开满树，此轩因之得名“古华”。此古楸为一级古树，树高 12 米，胸径 0.59 米，冠幅达 8 米。

为赏古树，乾隆帝特意营建此轩，这在乾隆四十七年（1782）的《古华堂》诗中有明确记载：“轩堂纵新搆，宫禁原自古。因之有古树，三两列庭宇。巨擘柏与楸，其年难计数。柏固恒弗凋，楸有枝为伍。童童栉栉间，如聚期羡侣。以不华为华，对之忘能所。”乾隆五十七年（1792），皇帝又作《古华轩有会》：“湖石深护径，老楸耸齐檐。楸根生子孙，曰一成含三。古华向所名，其义更堪探。古而不华固，华而不古纤。寄语为文者，会此求心恬。”轩内有乾隆帝所题楹联：“明月清风无尽藏，长楸古柏是佳朋。”

古华轩内诗匾

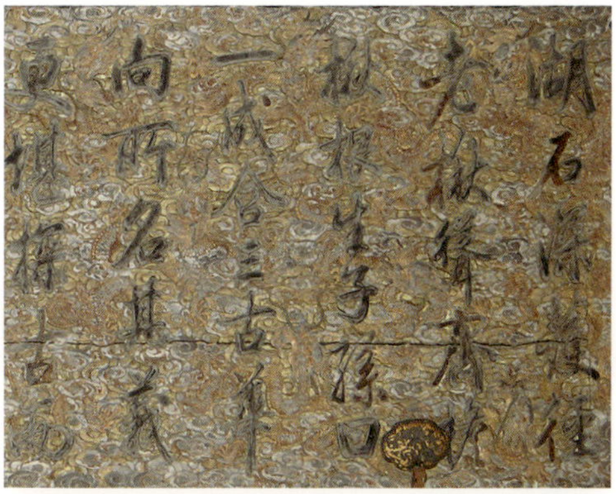

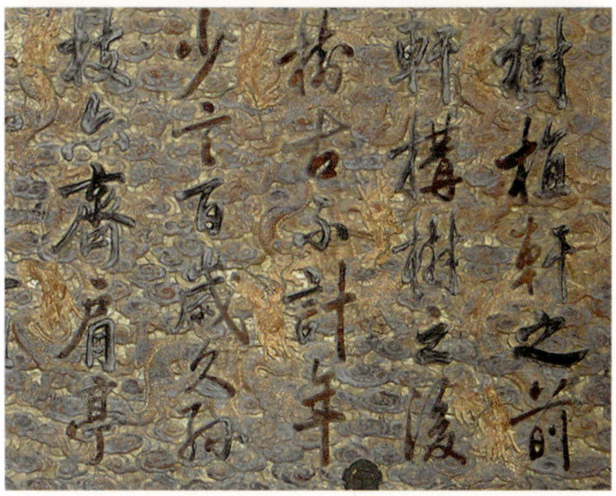

再结合乾隆四十九年（1784）《题古华轩》之“庭楸杰峙已生孙，葱郁其年几百论”，以及乾隆五十二年（1787）《古华轩》诗载“树植轩之前，轩搆树之后。树古不计年，少言百岁久”，可知建轩时古楸已有百岁以上，因此可推断古楸距今至少已有 345 年，在树木中可谓“耄耋”之龄。

乾隆帝为古楸所题四首诗被制作成木雕龙匾悬于轩内，它们不仅记录了古楸与古轩的历史，也流露出皇帝爱护古树的思想。嘉庆帝即位后来此游赏，亦赋诗《古华轩》一首：“嘉树岁时久，敷荣茂古华。雪霜饱玉卮，雨露饫天家。密荫石栏曲，清连竹径斜。託根欣得地，摩抚感咨嗟。”诗句描述了古楸当时茂盛的长势，感慨其旺盛的生命力。此诗被制成匾，悬挂于轩南楹柱。

古华轩西南檐古楸

楸树花期为 4 ~ 5 月，花冠浅粉色，有紫红色斑点。

景福宫的“人字柏”俨然“活影壁”，别具一格，既与古建筑、整个院落相辅相成，又自成一景。

景福门外庭院中古柏与文峰的整体景观

景福宫内“人字柏”

景福宫位于宁寿宫区东北部，景福门外庭院正中的汉白玉须弥座安放有一块高达4.5米的太湖石，玲珑挺拔纹理清晰，此即著名置石“文峰”。“文峰”石南、北各栽植两株“人字柏”，位于进出景福宫的主要道路上，颇为引人注目。乾隆十一年（1746）《文峰诗》有句描述其位置及作用：“贲然肯来树塞门，景福宫前镇枢纽。”如今，这两株古柏苍老古雅，呈现出昂然向上的健秀之姿。

中国传统建筑的院落内大多建有影壁，主要起遮挡视线的作用。故宫内某些院落的南北方向也建有影壁，如斋宫、承乾宫等，造型不一，材质不同。景福宫的“人字柏”俨然“活影壁”，别具一格，既与古建筑、整个院落相辅相成，又自成一景。

起到影壁作用的景福宫“人字柏”

慈宁宫花园

慈宁宫花园位于内廷外西路，慈宁宫以南，是明嘉靖十五年（1536）在仁寿宫旧址上建立起来的。万历年间被火焚毁，清顺治十年（1653）建，乾隆三十四年（1769）重修，明清时期是太皇太后、皇太后以及太妃嫔们礼佛、游憩的花园。院落地面平坦，建筑不过十余座，没有过多山石，莳花种树，叠石垒池，意在不费跋涉之劳而得山林之趣。

慈宁宫花园现存古树名木 34 株，以常绿松柏树为主，一级古树 8 株，二级古树 26 株，园内古柏参天，荫郁蔽日，古槐冠大荫浓，郁郁葱葱，古楸、银杏挺拔苍劲……

慈宁宫花园鸟瞰图

银杏

中文名：银杏　　　　　　　别　名：白果树、公孙树

拉丁学名：*Ginkgo biloba* L.

科：银杏科　　　　　　　　属：银杏属

花园中南部山林景观区域的两株银杏，为宫中仅有的明清时栽植且存活至今的银杏，均为一级古树。深秋时节果实累累，扇形叶变为金黄色。

这两株银杏栽植于此可谓寓意深刻。佛教徒多在庙宇或佛堂栽植菩提树、娑罗树、七叶树等圣树，但受制于气候条件，我国北方庙宇中多植银杏、七叶树、暴马丁香代替菩提树。可见，将银杏栽植于慈宁宫花园是建造之初即有意而为之的，不仅赏的是树姿、叶态，更有深刻的信仰意涵。

“槐柏合抱”

慈宁宫花园的西北角，吉云楼的北部，还有宫中唯一的一处“槐柏合抱”的植物景观：一株槐树和一株柏树因根部生长在一起，形成合抱之态，稀有而奇特。槐树生命力较强，柏树生长受到抑制，时至今日柏树已死亡多时。

慈宁宫花园西北角的“槐柏合抱”植物景观

慈宁宫花园古银杏秋景 史宁昌摄

“紫禁十八槐”

中文名：槐　　　　　　　　别　名：国槐
拉丁学名：*Sophora japonica* L.
科：豆科　　　　　　　　　属：槐属

西华门内，武英殿东北，断虹桥北东西道路两侧，生长着两片槐树林，这就是著名的“紫禁十八槐”。据《旧都文物略》载，“武英殿之东，御河环绕，石桥一座，雕刻极精，为诸桥冠，俗呼为断虹桥……桥北地广数亩，有古槐十八，排列成荫，颇饶幽致”。断虹桥被认为元代即存，而古槐年代已无从考证，据其外部形态特征推断，至少栽植于明初修建皇宫之时，树龄已近600年。

这片古槐的立地条件很好，土质较好，地下没有夯实的三合土层及建造紫禁城时的废弃建筑构件。如今，古槐尚存17株，道路东侧分布7株，西侧分布10株，其中一级古槐有6株（胸径达到1米），二级古槐有11株（胸径达到0.6米），最粗一株（编号为11010102185）位于道路东侧宫墙下，胸径达到1.6米，树冠投影面积约400平方米，高达21米。

北京城自辽、金至元、明、清各个朝代，一直大量栽植槐树，现在北海古柯庭有“唐槐”、景山有“槐中槐”，而紫禁城内的“紫禁十八槐”，是北京地区古槐中集中分布数量最多、面积最大的一处古槐林，弥足珍贵。在近600年中，十八槐经历风雨、雷电、雪压以及病虫害，某些枝杈损伤，影响了正常的生长及外部形态。枝杈受伤后，伤口处亦招致真菌或细菌侵入，致使木质部被侵染，呈现主干或枝杈的空洞现象。现存17株古槐均主干中空，树龄越大中空现象越严重。然而，因为槐树有较强的萌蘖力，某些古槐死亡以后可自根部萌发出一株新槐。“十八槐”东侧就有这样一株特殊的槐树（树号11010102197），主干枯死多年，树冠被截去，仅存1.6米左右的主干，根部东侧则萌生出一株胸径0.2米的“年轻”槐树，成为古槐生命的延续，仍被确认为古树。

为长久保存这一美景，20世纪五六十年代，园艺师在古槐之间又穿插错落地栽植了18株新的国槐，现在它们也有将近70年树龄了。

断虹桥北望十八槐全景

十八槐中最粗一株

英华殿“菩提树”

中文名：欧洲大叶椴　　**别名**：欧椴

拉丁学名：*Tilia platyphyllos* Scop.

科：椴树科　　**属**：椴树属

菩提树是佛教“圣树”，被信徒们栽植于庙宇等礼佛的场所。明清帝后皆不乏信佛者，英华殿前即栽植两株“菩提树”，历来备受珍爱。

据《清宫述闻》：“明代英华殿，有菩提树二，慈圣李太后手植也，高二丈，枝干婆娑，下垂着地。盛夏开花，作金黄色，子不于花蒂生而缀于叶背，秋深叶下，飘飏永巷，却叶受子而念珠出焉。其颗较南产差小，而色黄且润，分瓣之线界作白丝，名曰多宝珠。”可见栽植年代可追溯到明万历年间。李太后死后，宫中人曾经相传太后是九莲菩萨转世，因之万历皇帝为母亲敬赠了“九莲菩萨”的尊号，奉御容于树北之别殿。《天启宫词》载：“倚殿阴森奇树双，明珠万颗映花黄。九莲菩萨仙游远，玉带公然坐晚凉”，叙述了明代英华殿栽植有两株奇树的事实，同时描述了树木花开黄色，果实似珠的情况。明朝时，京师中人即用其子制作佛珠。

两株“菩提树”至清代衍成七株，长势仍旺。乾隆帝《英华殿菩提树歌》中称“……惟有菩提之树郁葱蔚郁，常依佛日生光辉……菩提七树森列庭，是诚不可思议标祥祯。枝枝叶叶数无万，如斯无万数，绳绳继继永世绵皇清”，描述当时菩提树已由明代初栽时的两株因根部分生的萌蘖枝条变为七株，又指出了树依仗佛光而郁郁葱葱、枝繁叶茂，也希望大清国运似菩提树长势那样旺盛、永久。还有《英华殿菩提子数株诗》“七树恒沙结子多，数珠拈百八云何。欲因悠久卜皇祚，讵是寻常佞佛陀。颗颗圆融开意蕊，累累联缀振禅柯……”等句，写出了对“菩提子”的喜爱之情。

枝叶繁茂的英华殿欧椴

惟有菩提之树郁葱蔚郁，
常依佛日生光辉。

颗颗圆融开意蕊，
累累联缀振禅柯。

英华殿“菩提树”的浅黄色花 贾慧果摄

然而根据植物学考究，英华殿的“菩提树”实际为欧椴，椴树科落叶乔木，适于庭院栽培。而与佛陀有关的菩提树为桑科常绿乔木，学名为 *Ficus religiosa* L.。两种植物区别显著：

一、科属不同。欧椴属于椴树科、椴树属落叶乔木；菩提树属于桑科榕属常绿乔木，又名毕钵罗树、思维树、觉树。

二、叶形不同。欧椴为落叶树种，叶亮绿色，圆或卵圆形，叶缘齿尖，端突锐尖，基心形或斜心形，脉显凸起；而桑科菩提树为常绿乔木，植物具乳汁，叶近革质，为卵圆形，先端具长尾状尖。

三、花形不同。欧椴花浅黄色，花序聚伞状，有苞片，苞片长椭圆略弯；菩提树，隐头花序，近球形。

四、果实不同。欧椴果近球形，长 0.8 ~ 1 厘米，被绒毛，具 5 棱硬壳；菩提树聚花果近球形。

五、生理特点不同。欧椴为落叶乔木，喜光、耐寒性强，而菩提树为常绿乔木，原产印度，不耐寒，适合生长于热带、亚热带地区。

菩提树不适宜在北方寒冷地区生长，信徒们就代之以如欧椴、银杏、暴马丁香、七叶树等栽植于礼佛场所。英华殿的欧椴，从植物学特性来说虽非真正的菩提树，但从宗教、文化的角度来看，也确可视作“菩提树”的一种吧。

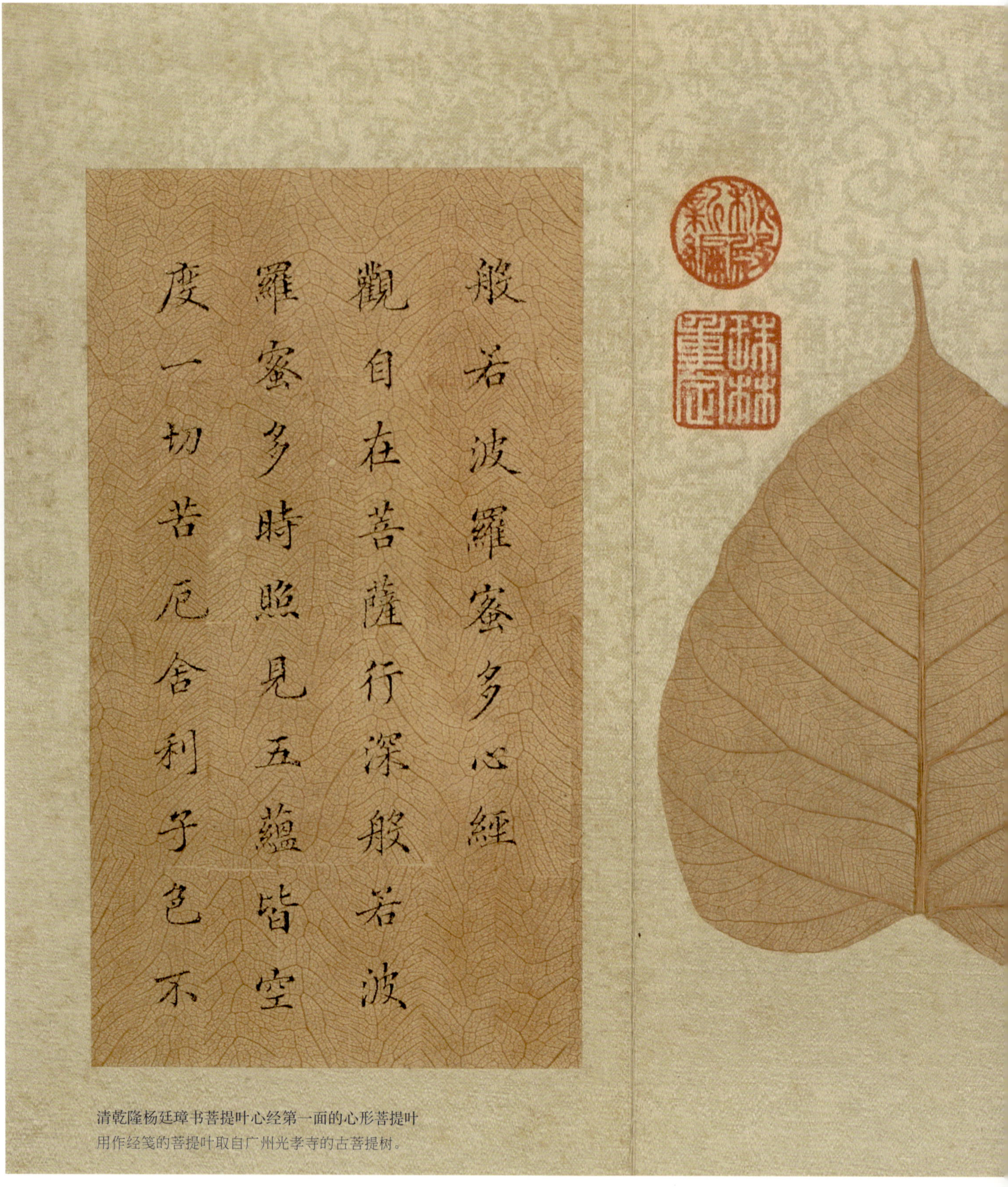

清乾隆杨廷璋书菩提叶心经第一面的心形菩提叶
用作经笺的菩提叶取自广州光孝寺的古菩提树。

故宫古树之最

故宫内最著名的古槐当属“紫禁十八槐”，为北京市区集中分布数量最多的古槐，故宫内最粗、最高、冠幅最大的一株古槐即位于此，树高达21米，冠幅达23米，胸径达1.61米（干周5.05米），这也是故宫现存最粗的古树。御花园琼苑东门的古龙爪槐为“北京龙爪槐之最”，树高5米，胸径达1.06米，冠幅达11米。

故宫内最著名的古松是位于御花园内的白皮松，其中钦安殿西侧白皮松为故宫内最高、最粗的古松，同时也是故宫现存最高的古树，高24米，胸径达1.16米。皇极门内的古松——“十八罗汉松”，为故宫内集中分布最多的古油松。

故宫内最著名的古柏为御花园的“连理柏”、“人字柏”、“骆驼柏”，它们均为人工栽培的造型奇特的柏树，集中分布在一个皇家苑囿中实属罕见，反映了明清皇家园艺师高超的栽培技艺。而御花园延晖阁前古柏林，亦被称为“十八罗汉柏”。故宫中最粗的古柏位于万春亭西南，胸径达1.32米。

英华殿的两株“菩提树”——欧椴，是北京市仅有的两株欧椴，栽植于明万历年间，2008年经北京市园林绿化局聘请植物分类学专家鉴定其为较古老的一种椴树科植物，弥足珍贵。

芳华信在兹——追溯禁中名花

太平花

御花园绛雪轩前有一座方形琉璃花池，花池内点缀数块太湖石，高低错落，玲珑别致，宛若一座微型“狮子林”。花池中央靠近绛雪轩一侧栽植有一株太平花，系清代遗留，独特而美丽。

太平花别名太平瑞圣花、丰瑞花、北京山梅花等，是虎耳草科、山梅花属的落叶灌木，学名*Philadelphus pekinensis* Rupr.，枝叶茂密，花乳白色而清香，花瓣4枚，多朵聚集成总状花序，花期4～6月。据《益部方物略记》记载：

> 瑞圣花，出青城山中，干不条，高者乃寻丈，花率秋开，四出，与桃花类，然数十跗共为一花，繁密若缀，先后相继而开，凡阅月未萎也。蜀人号丰瑞花……然有数种，差小者号宝仙，浅红者为醉太平，白者为玉真。成都人竞移莳园中，以为尤玩。

太平花由民间走入宫廷，始于北宋天圣（1023—1031）年间。“太平花出剑南，似桃四出，千百苞骈萃成朵，宋天圣中献至京师，仁宗赐名太平花。”（《天禄识余》）靖康二年（1127），金兵攻进汴梁，太平花被移植到金中都（即北京）及西郊。

绛雪轩前花池冬景 远处可见御花园龙爪槐

太平花出剑南，似桃四出，千百苞骈萃成朵，宋天圣中献至京师，仁宗赐名太平花。

“清代道光以前，宫中也没有太平花，只西郊畅春园、圆明园才有此花。嘉庆二十四年（1545），故宫御花园绛雪轩前海棠枯死，道光三年（1823）奉命把畅春园中的太平花移种一部分到绛雪轩前”，因嘉庆帝谥号仁宗睿皇帝，“睿”与“瑞”同音，为避讳，道光帝下令去掉花名中的“瑞圣”二字。“1860年，英法联军火烧三山五园时，畅春园、圆明园中的太平花全被焚毁，只长春园幸存两丛。1886年，慈禧重修颐和园时，将幸存的太平花移植到排云门前。到了清末，由于慈禧和隆裕两太后，以及瑜妃、珣妃、瑨妃、瑾妃等常以太平花赠给王公、大臣，北京城里官家私宅才开始有了太平花。”（详参《北京名园趣谈》）

《清宫述闻》载：“忆光绪甲午，圆明园旧殿基上忽自生一树，德宗侍慈圣往观，为之欣赏，南斋诸臣，各赋诗记之。”这株“忽生”的树，据《十朝诗乘》转述《翁文恭公日记》，可知就是太平瑞圣花。据载，丁酉重午后一日，恭忠亲王曾折数枝供瓶赠之。张鹽仙比部（鋆衡）感其事，作《太平瑞圣花赋》，其述是花云“钿朵晨抽，琼枝夕洹。傍玉殿之璘基，近铜铺之旧庑。瓣四出而香霏，蕊连蜷而粉黈”。由“傍玉殿之璘基，近铜铺之旧庑”，可知此花栽植于圆明园的旧基上，因此绛雪轩前栽植太平花的时间不会早于丁酉年（1897）；如果此时御花园内已栽植太平花，慈禧太后也不会特地跑到圆明园欣赏，还让南书房的翰林赋诗记载。

大概慈禧太后看到太平花顽强的生命力，想借用太平花“太平”的美好寓意吧，遂命人将圆明园的太平花分株移植一部分到绛雪轩前琉璃花池内，《太监谈往录》记载了此事，述及圆明园总管殷福寿在庚子之后，在圆明园中发现了一种奇花，类似木香，又像茉莉，春夏开花甚香，进上而不知其名，慈禧太后名曰“太平花”。大内和颐和园中的太平花，皆是圆明园中分出来的。其中还有几句注释：“花本西洋贡物，乾隆帝命郎世宁绘画成轴，有御制诗跋盛称花之奇馨。”然而，此后的大清朝也并没有太平，而太平花见证了清王朝覆灭的历史。

关于御花园绛雪轩前的太平花还有其他说法。第一种说法是慈禧太后命人从河南开封移来，笔者并没有找到确切史料为证；另外，据《清宫述闻》整理的资料显示，《十朝诗乘》载“是花传闻为平金川时所进”，即乾隆四十一年（1776）进献至北京，《香珊瑚馆诗稿·咏太平花》诗小序称“绛雪轩前太平花”系光绪间由东陵移植；第三，夏枝巢《清宫词》曰：“御园春满海棠遮，绛雪轩前一片霞，昨日西川新奏进，琼枝赐号太平花。”注释为：“御园绛雪轩海棠极盛，康熙间四川奏进琼花，命植轩外赐名太平花。”

综上推断，绛雪轩前栽植太平花的历史最早可追溯到康熙年间，因其为灌木寿命较短，由于种种原因死亡后，于道光、光绪年间反复重新栽植。而绛雪轩前现植的太平花最晚应在光绪年间，即1900年之后的几年栽植于轩前琉璃花池内，距今至少也有116年之久。因其生长于琉璃花池内，根部土壤质地差，周围又有箬竹、爬山虎等花木与其争夺养分。为保证其生长势，故宫园丁定期为其施用有机肥，清理其冠幅内外50厘米的箬竹，以保证其正常生长、花开繁盛。

文华门前西府海棠 于洪摄

当轩列古树，春来发琼蕤。
绛雪乃旧名，名实相称宜。

海棠花

海棠自古就是著名的庭园观赏花木。《群芳谱》中称“海棠有四种皆木本。贴梗海棠，丛生，花如胭脂；垂丝海棠，树生，柔枝长蒂，花色浅红；又有枝梗略坚，花色稍红者，名西府海棠；有生子如木瓜可食者，名木瓜海棠”，后被人称曰“海棠四品”。其中西府海棠、贴梗海棠曾是著名的皇家园林观赏花木。

西府海棠为“海棠四品”之首，是蔷薇科苹果属落叶小乔木，树态俏丽，春季花开粉红，秋季红果缀满枝头。紫禁城最著名的海棠在绛雪轩前。绛雪轩建于永乐十八年（1420），到乾隆年间已逾三百年，“绛雪百年轩，五株峙禁园”。乾隆帝又有《绛雪轩海棠》诗：“当轩列古树，春来发琼蕤。绛雪乃旧名，名实相称宜。绿叶扶红萼，原觉饶丰姿。”如今轩前海棠已无存，故宫内西府海棠主要分布于文华门前、永寿宫、慈宁宫花园、宁寿宫花园。

贴梗海棠是蔷薇科木瓜属落叶灌木，枝开展、有刺，花开春季，朱红、粉红。《宫女谈往录》记载，慈禧太后居住的储秀宫“摆设是一般不变换的，只有盆花要随着节气而更换”，在储秀宫“外面廊子底下东西两边摆两盆贴梗海棠，朱红朱红的花，中间配上两盆金黄色的连翘”。宫中之所以摆放贴梗海棠，是因为贴梗海棠株形较小，花色艳丽，着花部位由根部到枝顶长满花，与连翘株高、着花部位相同，但花色形成鲜明对比，而且两种花都是早春花先叶开放，花期相同，摆放在一起互相映衬，颇具观赏价值，从而成为重要的宫廷花卉。

又有枝梗略坚，花色稍红者，名西府海棠。

词注称文官果花先白，次绿，次绯，次紫。

文官果的果实

文官果

文官果是有着丰富文化内涵的花木，现名为文冠果。古时一名文官花，即《唐会要》所载学士院之“文官花”，辛稼轩《水龙吟·寄题京口范南伯知县文官花》词注称其花先白，次绿，次绯，次紫。宋朝文官按照文官果开花次序穿袍，以此区分官阶大小。

养性门位于宁寿宫北面，养性门内为养性殿，建于乾隆三十七年（1772），是乾隆皇帝为自己退位后所营建的居所，据《清宫述闻》记载，养性门外旧植有文官果二株。然而现在养性门外东、西两侧树池内栽植国槐数株，文官果无存，而养性门外西南角，宁寿宫花园入口衍祺门南侧，有一处太湖石营造的小景，湖石玲珑、皱瘦相宜，松柏苍翠。此小景的西南方向，生长有一株不起眼的植物：树干歪斜，枝干沧桑古拙，叶片秀丽，春天花开时节，满树白粉色的花朵璀璨似锦，与湖石、翠柏、丁香交相辉映。这株花木，就是大名鼎鼎的文官果。

虽无文献可确证其身份，但此文官果可推测为清宫遗留。因为其生长条件极为恶劣，树根生于假山石缝隙间，人为栽植可能性极小，而且古人造园在假山石上栽植花木，都会预留出种植穴，此文官果根部没有树池的遗迹，所以，很可能是原来养性门外的文官果种子落于此，自繁而生成。

养性门外的文官果，是故宫内唯一一株文官果，为清宫遗留的珍贵庭园花木。

文官果花与叶 贾慧果摄

蜂采群芳酿蜜房，酿成犹作百花香。
化工却取蜂房蜡，剪出寒梢色正黄。

宋 陈棣《蜡梅三绝》

蜡梅

蜡梅，蜡梅科蜡梅属落叶灌木，因其花色似蜂蜡又在寒冬腊月盛放而得名，花开黄色，又名黄梅花、香梅。

蜡梅在清宫栽培历史悠久，最早可追溯到康熙年间，直到清末慈禧太后时期，蜡梅都是宫廷重要栽培及观赏花卉。高士奇《金鳌退食笔记》记载康熙时期宫廷赏花情况："南花园每月进花，每岁正月，进梅花、山茶、探春……十一月、十二月进早梅、探春、迎春、腊瓣梅，又有香片梅……""腊瓣梅"即指蜡梅，梅花、蜡梅在清朝早期即成为宫廷冬春观赏的重要宫廷花卉。

清末，每逢腊月至正月，慈禧太后居住的储秀宫便摆放蜡梅，《宫女谈往录》记载，屋内"书案上两盆福建进贡的漳州大头水仙开得正浓，净室里一大盆河南进贡的鄢陵腊梅，花繁蕾多，足有一人多高。水仙的清香，腊梅的甜香，不时飘来"。可见，清宫观赏的蜡梅为产自鄢陵的蜡梅，自古鄢陵蜡梅品质最佳，素有"鄢陵蜡梅冠天下"的美誉。

景祺阁院落中的地栽蜡梅

蜡梅品种较多，有素心蜡梅、虎蹄蜡梅、磬口蜡梅、狗牙蜡梅等，以“素心蜡梅”最具观赏价值，花瓣长椭圆，向后反卷，花色纯黄，花香芳馥。故宫现存露地栽植历史最久的蜡梅当属景祺阁蜡梅（现为狗牙蜡梅）。“素心蜡梅”是由狗牙蜡梅做砧木嫁接而形成，因北方气候寒冷或养护不够精细，嫁接后的“素心蜡梅”枯死后，其砧木“狗牙蜡梅”因抗性强存活下来，蜡梅便由“素心”变为“狗牙”了。今景祺阁蜡梅树池根部庞大彰显其历史悠久，初植时很可能为“素心蜡梅”。北京现存露地栽植的古蜡梅也多为狗牙蜡梅。

故宫的“玉堂富贵”

清末慈禧太后御苑赏花，以“玉堂春富贵”指玉兰、海棠、迎春、牡丹，将皇家庭院中特有的荣华富贵寓意于这四种花木之中。清宫中最著名的玉兰为咸若馆前玉兰，咸丰皇帝非常喜欢玉兰，吟咏有句“咸若馆前三月半，琼葩一树玉玲珑。好是春风到几巡，玉兰花发殿芳春”。海棠自乾隆年间即是宫中观赏花木，乾隆皇帝《绛雪轩海棠》有句：“丹砂炼就笑颜微，开处春巡恰乍归。暇日高轩成小立，东风绛雪未酣霏”。清宫最著名的牡丹植于延春阁，乾隆皇帝有《延春阁牡丹》诗描摹情态：“雨中牡丹对，春过恰延春。得意有多态，通身无点尘。高松宜作伴，群卉那堪伦。自爱清香递，何须睡鸭陈。”慈禧太后常以牡丹自比，敕定牡丹花为国花，御花园栽植牡丹供帝后、妃嫔欣赏。故宫内无露地栽植的迎春，因此盆栽养植，应季点缀。

现在，故宫的玉兰主要栽植于御花园、奉先殿、钟粹宫等处，栽植于 20 世纪 70 年代及 2000 年；西府海棠主要分布于文华殿前，栽植于 20 世纪五六十年代；牡丹主要分布于御花园、慈宁宫花园。御花园牡丹因生长势衰弱，2007 年至 2008 年，由山东菏泽引进更换；慈宁宫花园的牡丹栽植于上世纪 70 年代，2015 年有补栽，在故宫春季的观赏景致中举足轻重。

御花园玉兰 史宁昌摄

钟粹宫玉兰 史宁昌摄

二月兰

二月兰 谢小振绘

兰开二月

文\朱传荣

那些花儿，只要查一查，每一种都有比北京城更久远的历史。

故宫的人都喜欢二月兰。因为实在是太多了，到处都是。平日少人的院落不必说，就连上下班经过的东西华门内，大片的林下地带，宫墙脚下，一到春天，也都开满了淡紫色的小花。

常常对外边的朋友许愿：等春天了，上我们这儿看二月兰，故宫一景儿。口气中大有除了故宫，哪儿都瞧不着的意思。

宁寿宫一区，是乾隆皇帝退休颐养之所。宁寿宫花园，就是俗称的乾隆花园，园中古松古柏多，传世的观赏石多，辅以自然生长的二月兰，是种野趣，又不失庄重典雅，宁静而富生机。自然的匠心，也就是我们所谓的天工之巧吧。

二月兰，真是故宫的骄傲。

其实，二月兰在北京并不少，只不过看见的人大多数叫不上名字来。自九十年代起，数十年间，天坛在 150 亩林下草地对二月兰、蒲公英、紫花地丁等十几种优良野生地被植物进行扩繁、调配，把自然草地园林化管理，形成了以二月兰为主的新景观，被媒体誉为“天坛香雪海”，吸引了很多平日不会游览天坛的北京市民，在天坛原有的庄严肃穆之外增加了平常的、自然的气息。

2002 年，四环海淀区四季青乡路段用二月兰作绿化用花草大面积种植，更是把二月兰耐寒、耐旱、花期长、绿化期长、对土水肥要求低的特点发挥到了极致。

更有意思的是，这一年的秋天，当二月兰结子的时候，竟然在一夜之间被人盗割。应该说这是一次富于前瞻性的行动，盗割的人正是看到了以本土野生花草为绿化主体将成为城市绿化的主流，才断定野生花草的种子会成为新的商机。

到 2005 年的春天，外环道路上使用二月兰作绿化草种的地带就更多了。

在网上搜索一下，这才恍然明白，关于二月兰我们应该知道的还有许多。

二月兰，正式的学名是*Orychophragmus viloaceus*，相关解释还有，十字花科诸葛菜属，又叫息菜，野油菜。二年生草本植物，淡蓝色十字形花，四出离瓣花冠，排成辐射对称的十字形，原产地在中国东北及华北地区。具有较强的耐寒性、耐阴性，在具有一定散射光的情况下，就可以正常生长、开花、结实。对土壤要求不严，在一般的土壤环境下也可以生长得很好。花期较长，一般可以从春季持续到 6 月。生长期也长，在北京的冬至时节仍然有绿叶覆盖地面，是理想的园林荫处或林下地被植物，也可以用作花径栽培。嫩茎叶亦可作野菜食用。

在《太平广记》之类的书中还记着，“三国时诸葛亮行军止处，令士卒随地栽之，人、马皆得食，故名诸葛菜”。

稍稍再多查一点，会发现南北方的园林公司都在绿化植物中列有二月兰的名字，并且有“优良地被植物，冬绿春花，耐严寒酷暑，喜阳耐阴，自播自繁，一劳永逸。尤其适宜大面积裸露土地及林下绿化”的宣传。

二月兰的历史久远，有的考证甚至援引了《诗经》来说明，古人所说的“采葑采菲”中的“葑”就是二月兰。

其实，不光是二月兰。

荠菜、苦荬菜、马齿苋、紫花地丁、马蔺、蒲公英、地黄、野菊花、车前草这些尽人皆知的野生花卉，还有很多一时叫不上名字的花花草草，都会在有风吹过的地方生出来，墙角、砖缝、瓦垄，甚至是城墙上高高的滴水里，都会意想不到地探出花朵来，告诉人春天到了。

那些花儿，只要查一查，每一种都有比北京城更久远的历史，有着平日里见不到的拉丁文名字、药用功能、诗或史实中记载的故事。

墙角、砖缝、瓦垄，甚至是城墙上高高的滴水里，都会意想不到地探出花朵来，告诉人春天到了。

暮春时宁寿宫花园内的二月兰
任超摄

故宫西南断虹桥以北，错落生长着十八棵槐树。隔桥远望，仿佛迤逦行吟的高士，被人称为“十八学士登瀛洲”。

东华门外的南北池子大街，原来是一条自然形成的手艺人的居住地，追溯那些貌不惊人的不规则的院落的主人，上几辈必定有服务宫中的历史。这条街是现在能看到的，仅存的几条用槐树作绿化的街道，夏天有正午阳光也晒不透的阴凉，冬天，枝叶脱尽的时候，黝黑的树皮，伸展的枝干，欹侧辗转，姿态各不相同，像一群陶醉的舞者。

槐、柳、榆、椿这些北方最常见的杂树，就是这样的好看，耐看。不论长在宫殿旁边，还是生在民居的门外，北方的树，长在北方的城市里，让人感觉到非言语所能尽述的美，一方水土，一方草木，一方人杰地灵。园林科学家叫做“适地适树”，不一定贵，但一定要最合适，与水土，与气候，与城市的历史文化的背景相和谐，相适应，就一定是最好的景观。

所以，以保护历史园林为主旨的《佛罗伦萨宪章》才会格外强调：“历史园林是一主要由植物组成的建筑构造，因此它是具有生命力的，即指有死有生。”尊重历史，尊重与立足自然的季节循环，顺应必然的新陈代谢规律，在适当的地方培植适当的花草树木，以花草盛衰荣枯的季相，体现园林与生俱来的地理风貌、气候特点，历史园林才能作为文明与自然直接关系的表现，成为历史的、文化的、时代的见证。不偏离原初的造园意匠、构图和意境，才有可能展现历史的魅力。

清明，路边墙角，宫猫逡巡，地丁绽放　华胥摄

紫花地丁

紫花地丁 谢小振绘

可是，也可以看到下面的消息，关于北京的。

南中轴线景观整治工程中，有三个银杏树阵。银杏树有公孙树之称，成长缓慢，移植的大树大多是从山东、河南、浙江、江苏等地买来的干径 20 厘米的大树。本来和生长地已经形成了一种非常好的适应关系，而要将其移栽成活，必须伤筋动骨，以保证其上下水分平衡，去其根系，删其枝叶，所剩十不足一，在移植和长途运输过程中还要损失过半。

这种一夜之中就要成景的急迫中，所透出的民族的区域的自卑和妄自尊大的暴富心理使人警醒，使人担忧。如果说，北京城的绿化和景观是一件需要慎重的事，那么，对于故宫来说，就是需要慎而又慎的事了。

北京是唯一的，正如巴黎和伦敦也是唯一的一样。作为人类文化的重要遗产，它们的特点永远是，首先是“历史”两个字，历史的文化内涵，历史的生态环境。作为遗产的规划者和管理者，在动手规划和管理之前，必须明确文化遗产的这一特点，具备足够的心理认同。历史园林必须保存在适当的环境之中，任何危及生态平衡的自然环境变化必须加以禁止。

在网上浏览二月兰的时候，读到韩愈的诗，“天街小雨润如酥，草色遥看近却无。最是一年春好处，绝胜烟柳满皇都”。温润的空气，早春的新绿，故宫就该是这样的，北京城也该是这样的。

十八槐写生 谢小振绘

游园访石——紫禁城御苑赏石导览

文／钟长海等　摄影／柳叶氘、李玉祥等

游走于紫禁城中，仿佛进入一场宛若天成的赏石展览。路线、节奏、姿势、角度最终决定了你的「观法」。

我的灵石是对我自己智力上的挑战和历险。

Ian Wilson《灵石》载《供石观》

从乾清广场向北一路过去是故宫内廷。内廷是日常起居的所在，没有前朝的森严，多了几分平易。在红砖黄瓦中的礼法人伦之外，内廷中的庭院更是让人自由呼吸的自然空间。内廷中一共有四座花园，园中花草奇石如影，古木假山相随。一木一石，在这方寸之间即成景致。

树石是园林的模块，也是构景的程式。其本是山水画术语，“在中国建筑的范畴里，‘树石’一词又肯定和园林有直接的关系，特别是通过山水绘画的转译”（王澍《走入树石的世界》）。山水画学习的基础就是“树石小景”，几块石，杂以几棵植物，或枯木、或竹、或兰，即成可以安放情怀，寄托情志的一个基本表意单元。在建筑师的眼中，树石所构造的景不是纪念性的而是经验性的，充满了氛围之“气”和当下之“场”，好像漫无目的，又让人兴味盎然。

如何观察一块石头

材质（石诸）　位置　环境

故事　气

铭刻　角度　边界

形状　图案　结构　孔洞

纹理　底座　褶皱

元陆行直《碧梧苍石图》中的拳石
故宫博物院藏

任何自然事物都可能具备“观法”，参与叙述，甚至决定叙述的方式。一棵植物，如果不在群体构造意义上去看待，它就还是植物本身；一旦成为叙事语言系统中的一个环节，一个词汇，它就是一个“角儿”了。（王欣《如画观法》）

石作为其中最基本也最重要的构件之一，在庭院中随处可见。游走于紫禁城中，仿佛进入一场宛若天成的赏石展览。当你进入这场赏石的展览时，路线、节奏、姿势、角度最终决定了你的“观法”。

据统计（据故宫博物院古建部室外文物普查资料），故宫中有独立台座的赏石文物共计 102 座，其中御花园有赏石 53 座，宁寿宫区域有 33 座，建福宫有 16 座，其他更有散落于花园之中、假山之上的各种立石。这些石头被古代帝王所“赏”，从荒山青峰遇“劫”至此，在皇家园囿中历经百年，有些几易其主。

如今，禁城变为景区，它们又可供千万游人所玩赏。当你走近紫禁城中的石头，会发现它们自是带有不同于一般庭院石与文房石的“观法”。不仅因为“任何事物都可能具备‘观法’”（王欣《如画观法》），更是因其所处的位置，所历的故事，让它们可以在多重的叙述中穿梭，使它们成为一种将山水情怀、帝王情趣、历史构建、时空隐喻融汇的存在。观者在举手投足之间，不得不配合石头，选择因其位置所规定的路线，依循构景者所指挥的节奏，做出在更大的时空中仰观俯察的姿态，从而找寻最适合自身的观赏角度。

御花园养性斋前的假山

御花园琼苑东门的太湖石

从内廷的东西六宫的两道宫门（内左门和内右门）进入，迎面即可看到御花园东西两侧入口处各立有一块一人高的太湖石，在红墙的尽头，像在守卫，也像是在迎宾。

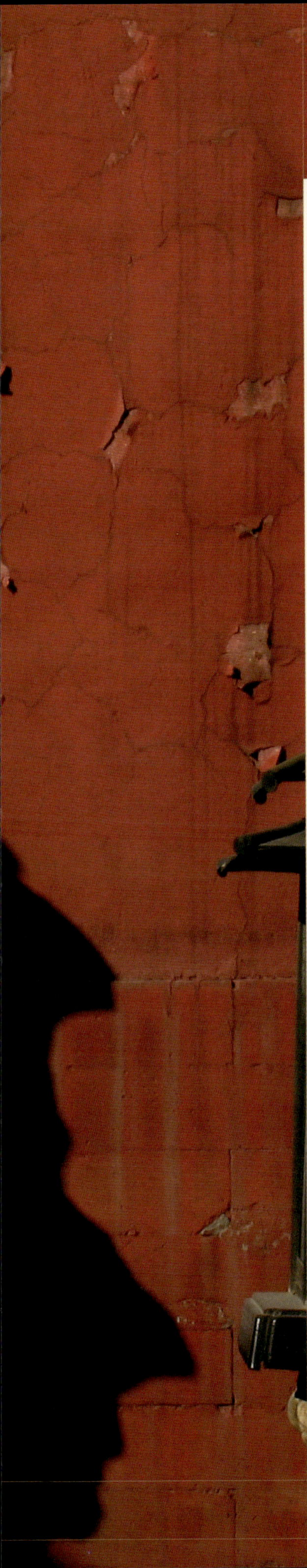

一、禁城中的仙境幻梦——御花园赏石

文 / 钟长海　陈鹭

御花园琼苑西门的太湖石

西侧太湖石“石体孔洞勾连穿透，变化丰富，轮廓曲折婉转，四面可视。整体造型呈现昂然上拔之势”，该石“成为从转眼肃穆的乾清宫进入幽雅闲逸的御花园的转折，在建筑美学上具有‘点题’的作用”。（丁文父《御苑赏石》）

御花园的布局形似中国传统园林中的“一池三山”，将三座岛山分列于三个水面之上，岛山分别是三座建筑——浮碧亭、澄瑞亭和御景亭。天一门正门两侧和御道两侧，分别布置大型山石盆景，盆景中的山石可理解为隐喻道家的“福地洞天”，或可理解为与御花园中的 水道一同暗喻“江山永固”。在御道两侧布置山石盆景，在清代园林中御花园或为特例，足见这些赏石地位之重。穿过这些赏石后步入钦安殿，给人以步入天阶云梯之感。钦安殿为道家的洞天，修炼之地，为神仙的居所，可以通达天庭。

元 倪瓒 梧竹秀石图轴（局部）
故宫博物院藏

英州出石如铜矿，声亦如铜。倒悬生崖下，以锯取之，故底有锯痕。大者或长七八尺，起峰至二三寸。亦几案奇玩。然色润者可爱，枯燥者不足贵也。

宋 赵希鹄《洞天清录》

御花园是故宫中摆置园林赏石的主要场所。御花园中的赏石，绝大部分对称布置，原因大约有三：

一是御花园是一座规则式道观园林，且位于紫禁城中轴线的最北端，只有对称布置，才能与中轴线的环境和园林空间相吻合。

二是帝王赏石与民间赏石存在重大差异，追求赏石的敦厚中和，认为中庸平和才是赏石的美。这一点从宫廷中各种类型盆景的审美取向中可以看到。

三是陈设赏石的盆座大多为规整的须弥座，所以陈列这些石头，采用对称的规则布局。但在大对称中又有小的变化，如石头类型、大小、色泽、质地的变化，增添了园林的活泼气氛。

英州含光、真阳县之间，石产溪水中，有数种：一微青色，间有白脉笼络；一微灰黑；一浅绿。各有峰峦，嵌空串眼，宛转相通。其质稍润，扣之微有声。

宋 杜绾《云林石谱》

御花园西高台南的英石

此石拟名龙腾（据《中华古奇石》）取其态势“龙飞凤翥”，其“皺襞丰富，瘦峭横逸，势似奔龙，龙首仰视苍穹，不可一世。堪称英石珍品。”（丁文父《中华古奇石》）

御花园天一门南侧的赏石

天一门南侧，并排站立着两列赏石，其中有钟乳石、珊瑚石等，多是新奇石种。

人在心里头将万物塑形，而诸多艺术品于是展现认得心中想……我们发现，石头竟是如此生气蓬勃、神灵活现，令人感觉既疏远又亲近，而那也正是这瞬息万变的世界的石化缩影。

Richard Pearson《摄影师手札》

载《TAO》

较协调，在钦安殿这样的大建筑前，不显其小。在园林中又不过大。比较好地处理了盆景与建筑、园林的尺度关系，“竖画三寸，当千仞之高；横墨数尺，体百里之远”。十二座盆景在钦安殿外红墙南侧一字排开，以散点透视的视觉审美特质，将千万里江山尽收眼底。御花园的盆景赏石寓宏观于微观，由微观中见宏观，这种在极小中寓极大的盆景美学，渗透和泛化在御花园园林之中。

石是园林之骨，《云林石谱序》云："天地至精之气，结而为石。"总体上，石代表了天地万物之精华，代表了道家的山石崇拜。中国园林和盆景艺术，讲究"壶中天地"，"芥子纳须弥"。御花园中的盆景赏石，体量较宁寿宫花园为小，却可纳下须弥山的宏伟巨大。大音希声，大象无形，最完美的形象往往不可捉摸，这些赏石并不强调所谓的美观，而是并不美观且有些"丑"，反倒成就其更大意义上的使用价值。返璞、归真、守拙，如顽石般"少私寡欲"（《老子·十九章》）"无知无欲"（《老子·三章》），回归自然，天人合一。

这些石头令人想起一个微型的世界，一个道家的天堂。天地万物至纯之气均凝于石头之中。

Ian Wilson《灵石》载《供石观》

御花园钦安殿南侧集中陈设的赏石

钦安殿南侧是御花园中视野最开敞的区域，集中摆放各种赏石，除英石外，还有钟乳石、珊瑚石、灵璧石、太湖石等。

御花园天一门南侧的太湖石

御花园中的盆景赏石，在位置安排上几经变化（见御花园不同时期平面图）。1959年《文物》杂志王璞子文中的插图，能反映民国至新中国初期的盆景赏石的位置。2000年《御苑赏石》书中的御花园平面图，表现了20世纪末、本世纪初的盆景赏石位置。笔者2017年所绘的御花园平面图，反映了现在的赏石位置。总体上，虽有经营，似无定法。

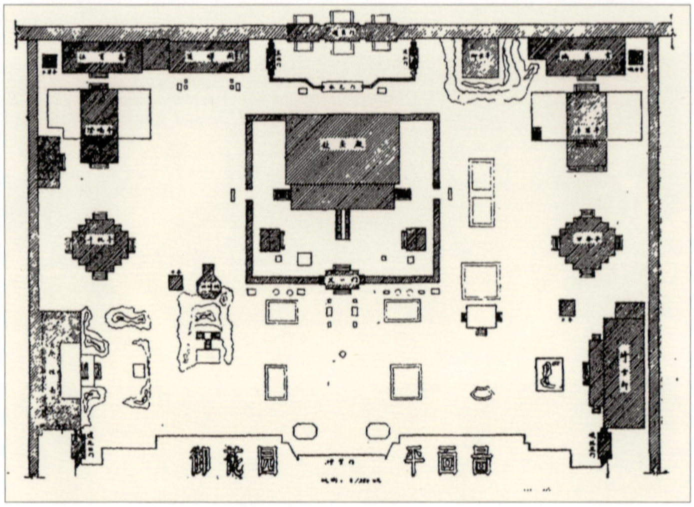

1959年《文物》杂志王璞子文中的插图

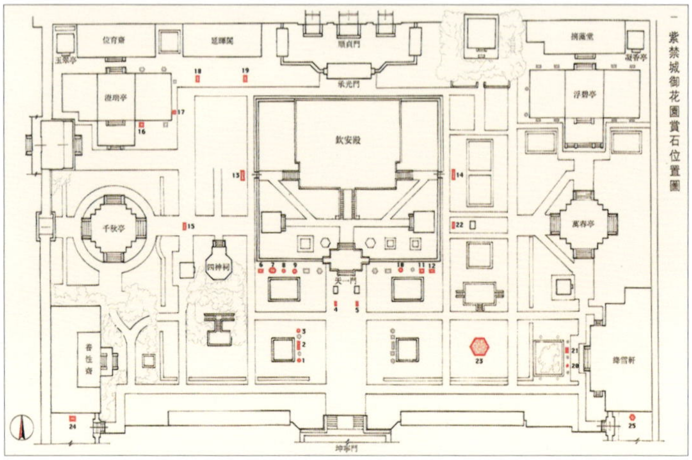

2000年《御苑赏石》书中的御花园平面图

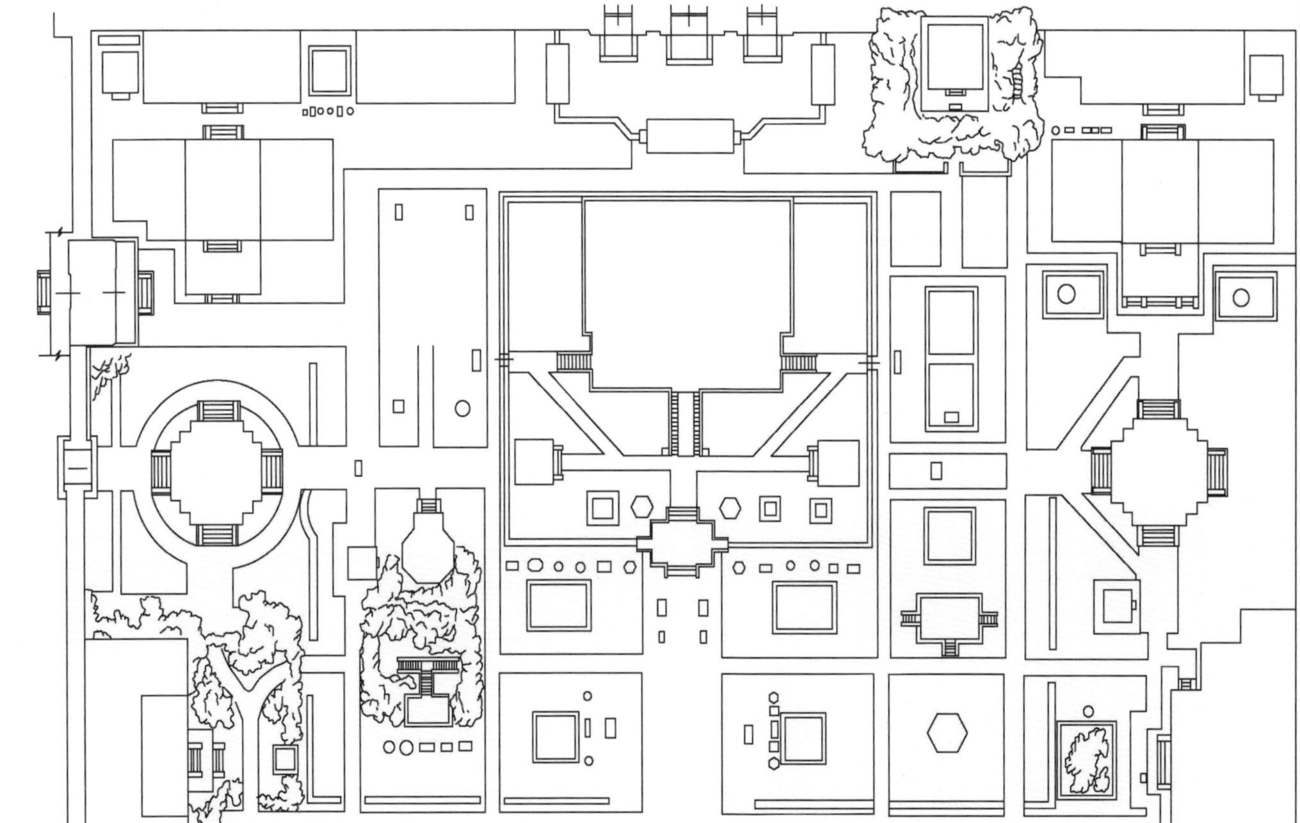

2017 年所绘的御花园平面图

故宫御花园养性斋透视图（民国测绘图）

《宫》：御花园中观赏石的位置近年来曾经移动过，您能讲讲当时的情况么？

徐超英（故宫博物院古建部副研究员）：故宫御花园里陈设的赏石分布在御花园各个区域，摆放历经几百年，有其定制。由于御花园内游客日益增多，参观拥挤，为了让游客有更好的参观环境，2012 年 4 月开始将赏石逐步迁移。

原来安放在澄瑞亭水池周边及位育斋前赏石，移至位育斋与延晖阁中间的山石竹林区前，集中展示一排。浮碧亭鱼池周围和摛藻堂前赏石，迁到堆秀山东侧及鹿囿南侧各集中摆放一排，成为新的景观区。

将植物与奇石共同植于砖坛或石坛中的做法在中国传统悠久，而今仍常见于苏州古典园林。砖坛、石坛往往体量较大，以容纳充足的土壤。

丁文父《御苑赏石》

御花园绛雪轩前的琉璃花池

延晖阁前通道处有两座大型假山石盆景，迁移到钦安殿西墙外西部，这里为松柏林区，取消原围栏，在树林地面上架起木板地，扩大参观面积，两座假山石盆景放置松柏林中，游客可边走边欣赏。天一门前御道左右有一对鎏金铜狁，它们前方原安放两座著名赏石，东为海参石、西为诸葛拜北斗石，现挪至中轴线东西两侧赏石区域。

绛雪轩正面是太平花花池，池前原有六件文物赏石。绛雪轩为故宫文创产品销售点，是游客聚集的区域，为了扩大绛雪轩前参观面积，将高 2 米多的木变石盆景，移到花池北侧，其余赏石挪迁到花园西部鹿囿南侧，解决参观环境拥挤与文物保护的问题。

御花园钦安殿西侧的灵璧石

御花园陈列的观赏石，依据《观赏石鉴评国家标准》（以下简称标准）有 48 方（峰），体量以大中型为主，形式以孤石为主，也偶有堆叠成峰、组合石形式的。概有岩石、化石两大类，有造型、图纹、色质石为三个亚种，有灵璧、英德、太湖、木化、卵石、钟乳等石种。

御花园原体现道家主题，其“赏石”的功能也是为主题服务，有以下特点：一是观赏石数量较多，可以看作以量化的方式体现道家的自然观。二是观赏石的种类较少，宋《云林石谱》中收录石种已有 116 种，且明清两代亦有递增，御花园中的石种应有很多选择，但其中只有约十种石。其中只有一方属图纹石，其表达的诸葛参北斗的主题仍属于道家范畴。三是山形石和山石多，山形石是艺术地体现对山的崇拜，山石是自然化的一部分“山”。四是其山形没有取唐代画作既有的三远（高远、深远、平远）或汉代“一池三山”的规制，只是取用山石，对山形不甚考究，也没有按风水之山或盆景之山去做。其实即便不想取形于宋“宣和六十五石”，本来也可以参照明《素园石谱》的石形，可见当时匠人不大喜欢过度造型，符合虽由人做，宛自天开的创作法。

御花园钦安殿东侧的灵璧石

总体上，“赏石”中“赏”是动词，“赏石”是动宾关系。这里的“赏”并非唐代白居易“回头问双石，能伴老夫否”（白居易《双石》）一派深情的恋石之“赏”，也非宋代米芾“见石就拜，如醉如痴”极尽狂热的爱石之“赏”，而是表达了园主人对园中特立独置之孤石的“意赏”。它严谨、理性、有度。御花园石多为孤峰，这在我国赏石传统中也久有传承和记述，从“孤生若断云，独立不成峰”（朱超《咏孤石》）、“中原一孤石，地理不知年”（释慧标《咏孤石》）等晋唐时诗句当中可以看出，这些石头是天然孤置的奇峰，这里的孤与独，与《周易》的伦理相关，隐含着独善其身，耿介不移的理性意味。人们赏析它以确证自我，展现精神。

宋代杜绾《云林石谱》谓“天地至精之气，结而为石，负土而出，状为奇怪”，石是对自然对造化的最本质言说，石隐藏着世界的全部秘密。

《宫》：在紫禁城中看石头，有没有什么不同的感受？

Ornan Rotem（赏石专家、英国西尔芙出版社出版人）：在西方人眼中，中国文人石给人一种既具有普世意义又充满文化个性的视角去审视中国文化。在传统的选石、赏石实践中，石因其幽微之妙而成为崇高的艺术形式，这是非常“中国”的。同时，这些石头的存在、陈设以及对它们的玩赏，会为人敞开一扇通往无限时间的大门。在紫禁城中游览无疑证实了这一点，这个美好的石头花园和这些石头都是非常的“中国”，以至于你会觉得它们就应该在这里。若稍停下脚步，望石沉思，你会立刻进入一种超然物外的状态，达到一个天成和人为和谐统一的境界。通往永恒之美的道路自此打开。

御花园钦安殿东西两侧的障景石

钦安殿东西两侧各有一块障景石，东侧为灵璧，西侧为英石。西侧的英石“石形呈蹲脊兽状，昂首挺胸，似龙似狮，变幻莫测……石色青灰显得苍劲古朴。石质紧密、精纯，击之声音清越”，且“此石立于御花园之内，隔缭垣便门露于御花园之外，仿佛影壁，即为缭垣外的御花园点题，又使缭垣内的钦安殿肃穆的气氛得以化解”。（丁文父《御苑赏石》）

诸葛拜北斗石

诸葛拜北斗石，从标准上看，依照形质色纹韵要素分析。形：呈椭圆形。质：硅质化较全面，鹅卵石。色：灰白底色和轻褐色组成图案。纹：从图纹上看，虽历经数百年，仍清晰可辨，画面感强，人物位置适中，形象生动。此石也是唯一一方画面石，而且是道家风格的石头。一长袍道士，双手抱拳，面北仰天揖拜，他的正前方，岩石上雪点斑痕，似北斗七星，正合道家之说。“七星”之位如能在石体空间上位呈现，更有益于构成画面“拜”的感受。整体上，该石的水洗度、包浆感、色质呈现均在上等。然石体上方有伤肉“疤痕”，是为“老锄儿”，惜在观赏面居中上，故画面有失“中和”。但该石的传承项权重是为首位，且为道家题材，“天人合一”，因而可以按照国标评为特级观赏石。

诸葛拜北斗石

海参石

海参石系属珊瑚排泄物化石，属于中型观赏石，为古代御苑传承石中仅见。造型独特，其形状恰如一条条首尾相连的“海参”。该石动态感强，石上似布满刺状物，憨态可掬。据说此石在明代已落脚于此，给观者吉祥如意的感受。俗称海参石，虽未见文献记载，然其命名方法基本符合《观赏石命名办法》中的“约定俗成、历史沿革”等项类，故沿用至今。

木变石

“木变石”，另有硅化木、木化石、树化玉等称谓，属于化石类观赏石。始称在唐宋，宋《云林石谱》有述，御花园唯此一件，且有乾隆御题之诗。按周汝昌所论“对观赏石的欣赏，不在一端，而是且有聆听其声，足闻其妙”，故乾隆帝有《咏木变石》刻在此石上：“不计投河日，宛逢变石年。磕敲自铿尔，节理依尚然。旁侧枝都谢，直长本自坚。康干虽岁贡，游此一峰全。”（《清高宗御制诗文全集》）依据《标准》，“直长”、“一峰”是形，“节理”是纹理，“自坚”是质。形质色纹韵，主要鉴评要素具备，加之敲击“铿尔”有声，可谓多元赏石。诗属咏石发论，生动有趣。此石形制如碑，不似人形兽物，唐代诗人齐己《松化为石》诗中有“逢贤必用镌辞立，遇圣终将刻印传”句，乾隆帝当知会此诗，感悟神韵，创造意境。

海参石

木变石

奇石具有“遗貌取神”的特殊魅力。形不似而神似。本是天成，宛若人为。

李清斋《石道漫步》

二、涅槃后的凌云叠翠——建福宫赏石

文／贾立新等

假山、灵石、古树、秀水是为古典园林的灵魂所在。建福宫花园虽因无水为憾事，但其假山铺陈有致，灵石点缀得法，古木布列有序。虽然曾遭大火，但重创之后其假山及多处点景石却劫后余生。

火灾之前的建福宫花园

清 丁观鹏 太簇始和图 故宫博物院藏
图中依稀可见当年建福宫假山置石的风貌。

奇石是世间难得的雅物，品题得体，刻铭适当，摹以形似，掇之意蕴，即便稍置一二妙语，尽可得风流曼妙之趣。

《张传伦说供石》

《清宫述闻》载："阁（延春阁）前叠石为山，岩洞蹬道，幽邃曲折……"据载延春阁假山上有乾隆御题"玉玲珑"、"鹫峰"等，皆已无迹可寻。现山上存留有五处题刻，其中四处皆出自隆裕皇太后之笔。玉壶冰北侧和东面，"凌云"和"叠翠峰"几个字宛然在目，假山东石洞入口"松涛"、"积岫岭"模糊可辨。假山的东南角，还有咸丰皇帝御笔"云锦屏"三字。

碧琳馆前亦有湖石堆叠，将碧琳馆半掩于山体内，湖石奇巧秀丽，馆体玲珑精致，兼以竹柏掩映。奇石盆景散布在园中庭院，独立成景，自然成画。现延春阁前还保留有两处观赏石。在清代画家丁观鹏《太簇始和图》中描绘的建福宫花园中，依然可见阁前赏石旧日的风貌。

建福宫花园延春阁后假山上的题刻

建福宫花园延春阁后的赏石

建福宫花园延春阁北侧的假山置石为 2000 年前后重修时重新叠置。据叠山者李建国先生说，其中几块赏石基本为清代遗物，亦有叠山时为恢复其对称布局而补入者。花园中共有四座赏石，分别立于花园四角，相互对望，其石种各不相同，有灵璧石、珊瑚石等。

建福宫花园碧琳馆前的叠山

《宫》：您是当年建福宫花园叠山修复的负责人，您能讲讲当时是怎样在废墟中重新叠置这座假山的么？

李建国（建福宫叠山修复负责人）：建福宫花园 1923 年毁于一场大火。花园南部的叠山西南侧基本烧毁坍塌，山石全部过火碎裂；花园西北角的碧琳馆叠山更成了一堆碎石。2000 年左右，故宫要对花园进行原状修复，叠山作为花园的重要组成一同复建。

此次叠山并不是艺术创作，也不是以叠出理想效果为目标，而是要建造出符合原建特征的叠山。虽然建福宫的叠山可以参照乾隆晚年依照建福宫所建的宁寿宫来恢复，但由于环境和建筑形制都不是完全一样，怎样确定叠山样式依旧是难题。绘画、等高线制图等方法都被否定后，最终选择了最为直观明了的制样法。按建筑图纸以 50 比 1 的比例制样，并加入叠山肌理效果。

修建过程中，首先将现场残碎的体量较大的石块拼接组合，以便更多保留历史遗物。同时到江南采购相同的叠山石料黄湖石和石笋。石料均是在山上石场一块块挑选的。叠山造型虽已有模型可依，但工人总是不能透彻地理解造型、作者意图和叠石特性。其实叠山就像绘画一样，在一幅作品中应使用相同的画法、皴法才行。叠山时要注意石料形状、石头重量、石纹特点。没有一块石料是相同的，每块石料都有它自己的特点，使用什么技法手段才能使挑出的石块、凸鼓的崖壁安全稳固；怎样对这些石块进行组合，达到原设计的形象，是叠山开始时就要周密考虑到的技术问题。

作为叠山匠人，需要反复观看每一块石料，了解它们的表面肌理、形状特点、体量大小、石质如何、可用在什么位置，这一过程可称为“相石”，就是给石头相面并熟记于心。然后是“审石”，用锤子敲击石料听声音辨别石料是否有不易发现的裂纹或内伤。在叠山现场需要指导操作中的每一个环节，首先告诉匠人们石头怎么拴，哪面朝上、哪面朝外、如何起重；待石头安放到位后，再围绕石头以不同的方向前后左右、上下远近观看并调整，微调到多一分嫌多、少一分嫌少的地步；进而做支垫使其牢固稳定，画出使用钢锔子、钢锚的具体位置，使这些铁活安放的位置更合理。

建福宫延春阁南侧的假山（左）
宁寿宫符望阁南侧的假山（右）

建福宫位于花园的东侧，自静怡轩向南有惠风亭、建福宫、抚辰殿三座主体建筑，四个独立的院落，每个院落均陈设赏石。建福宫院落较小，其赏石布置与宁寿宫颇有不同，以单体立峰为主，且多为挺拔耸立的英石。

建福宫北侧宫门两侧各置一英石，对称摆放，石前各有一株丁香，石形在丁香枝杈之间若隐若现，一座险峻奇拔，一座敦厚中正，一座若飞龙，一座若猛兽。

古人说：至坚者石，最灵者人。如果说石头是有灵性的，那是因为赏石者更有灵性之故。

胡克敏《供石观》

建福宫北侧的英石

惠风亭中的造云石

文／王戈

此石陈设于紫禁城内抚辰殿后惠风亭西北隅，为元人顾瑛玉山草堂旧物。因其形“如天风过云，抱崖绮布之势”，取郦道元《水经注》中“浙江又东，合浦阳江，江水导源乌伤县，东经诸暨县，与泄溪合。溪广数丈，中道有两高山夹溪，造云壁立，凡有五泄”句，由其友人杨维桢于额间题刻“造云”二字，遂名造云石。

文人赏石，以其姿态旷逸，喻林泉丘壑，寄山水情怀，又可同时品鉴其佳文隽书，发思古幽情。“造云”，石身遍布题刻。有元顾瑛篆书“玉山草堂清玩”，吴中硕儒郑元祐“造云石记事”和句曲外史张雨题刻，明东桥居士顾璘、香光居士董其昌及昆仑山人张诗题跋等，共计8处。

庚寅秋七月，玉山主人置酒芝云堂。琅玕万个，灵石错出。中列一卷，如天风过云，抱崖绮布之势。适杨廉夫弄笛其傍，余偶以佩牙击赏，发声清越，铿然中律。时凉飔送爽，自树林间来，相顾乐甚。廉夫遂题“造云”二字于石之额端，盖取郦善长“造云壁立”句也。仲瑛欲移近几席，复自着铭。坐客若袁子英、李廷璧，方外友张伯雨、琦元璞，皆有句。

遂昌郑元祐记其事

惠风亭中的造云石 孔祥哲摄

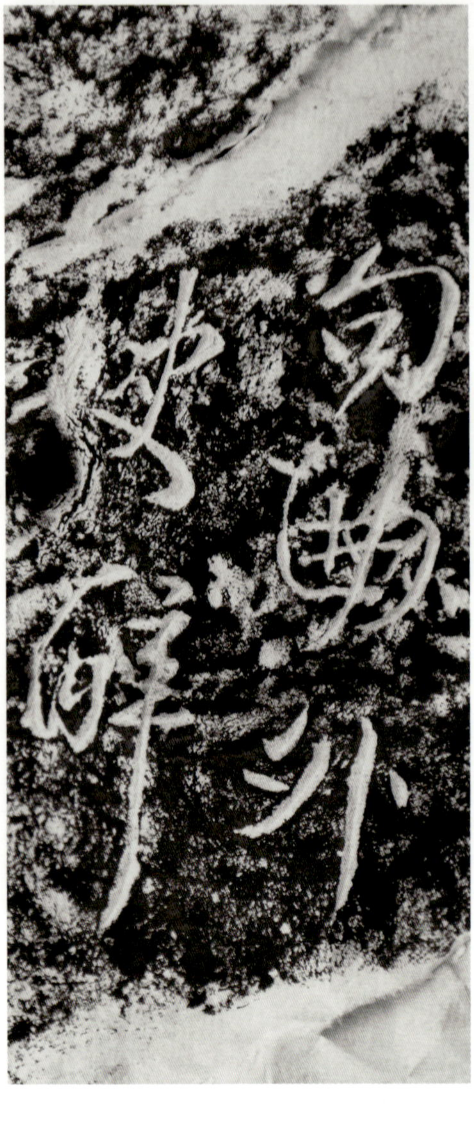

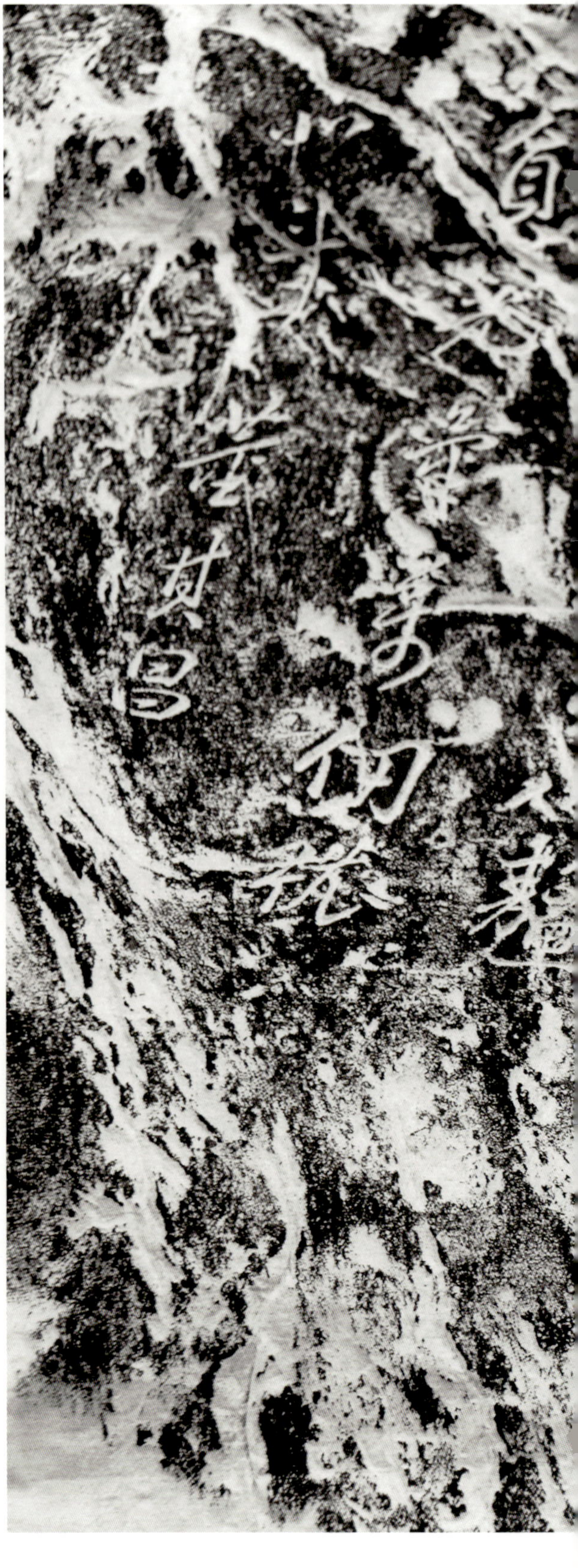

造云石上题刻的拓片

建福宫北侧对称放置的两块英石

《宫》：您曾经说“赏石是之美不是一种规则，而是一种例外”，您是怎么理解这种“意料之外”的美的？

Marcus Flacks（收藏家、鉴赏家）：赏石的独特魅力在于它存在于多个时间和维度之中。它既是当代的又是传统的，可以看作雕塑艺术作品的一种，而了解它们如何被开掘、欣赏，乃至最初形成的过程，是通往传统的桥梁。它既是天成也是人为，没有“人为”，这些石头会依旧隐匿在大自然的神秘之中。它既是坚实的又是流动的，因为坚固如石却会在每一次注视中改变。它既是中国文化中独特的存在，又是具备绝对的普世意义，它们就是这样的艺术。

建福宫北侧小院内，亦有两块英石对称摆放，坐南朝北，石前各植一棵梨树。初春新雨，把花都惊醒了。梨花初笑，英石被雨水滋润，变得灵动起来。院子里的丁香露出小小的骨朵儿，含羞藏着香。早开的桃花却已经零落满地了。

三、归政后的平和庄重——宁寿宫赏石

紫禁城东侧，有一座狭长的独立宫殿，乾隆三十六年（1771）起重新修葺为“太上皇宫”，寄托了乾隆帝对于晚年生活的期许，它的建造工艺、装潢设计，都堪称是中国古代园林建造的经典之作。宁寿宫区域不仅包括乾隆花园（即宁寿宫花园），还包括南部的皇极殿，是乾隆帝归政后临朝受贺之所。乐寿堂是归政后的寝宫，属于“后寝”部分，乾隆花园在西侧，东北为景福宫。与紫禁城的整体布局一样，宁寿宫区域的“前朝”不置赏石，赏石分别置于“后寝”、花园和东北的景福宫三个区域，其中赏石以太湖石和灵璧石为主，布置对称，体现出赏石陈设的庄重之美。

宁寿宫乐寿堂南侧小院内有四座对称布置的赏石，中间两座为太湖石，外侧两座为笋石，从乐寿堂出门即可看到四座石呈弧线型守护在小院内。

《宫》：距离《御苑赏石》出版已经17年了，您现在对中国赏石文化的看法有没有变化？

丁文父（《御苑赏石》作者）：关于中国的赏石文化，我现在认为赞赏有余、批判不足。其实，赏石从宋代以来逐渐变成一种很颓废、变态、无奈的文化。可惜的是，无论当年的我还是后来的他人，对此缺乏深刻的认识。

《宫》：为什么会产生这种变化？

丁文父：简而言之，与汉民族自宋以来的社会地位及民族性有关。赏石文化实际上是当时汉民族心态的缩影。所以，在21世纪的今天，我们需要以一种创新的精神重新检视中国的赏石文化。

明 孙克弘 七石图（局部）
故宫博物院藏

宁寿宫乐寿堂前对称置放的太湖石

左侧太湖石似鱼跃，鱼身直立，鱼头向上，上端有一孔洞似的鱼眼，中部有一突兀像胸鳍，底部有两叶鱼尾，正腾出水面。石体中空成穴，石面变化多端。此石不仅象形，而且集太湖石“瘦”、“露”、“透”之美于一身，堪称精品。（丁文父《御苑赏石》）

右侧太湖石通体空洞层叠，石桥横挂，空灵秀美，为赏石美学中“透”、“露”的代表。典型太湖石所特有的细密均匀、灰白温润的外表，又为之平添几分圣洁。（丁文父《御苑赏石》）

明 米万锺 秀石图 故宫博物院藏

米元章论石，
曰瘦、曰绉（皱）、曰漏、曰透，
可谓尽石之妙矣。

清 郑板桥《石》

元章相石之法有四语焉，
曰秀、曰瘦、曰皱、曰透，
四者虽不尽石之美，亦庶几云。

宋 渔阳公《渔阳公石谱》

《宫》：Richard Rosenblum 认为，西方的古典人物雕塑多通过“轮廓”创造了有限的物象，而中国的古典赏石则通过“孔洞”创造了无限的空间。您怎么看待石头的孔洞？

刘丹（当代水墨画家）：石头的孔洞美学为我们提供了一个空间，人游历于其间，产生了特有的时空意识。中国人就是在这样的神秘主义的感悟中变换时空以求抵达洞天福地。中国人特别喜欢在园林里用石头叠假山。你从A点走到B点的时候，一分钟就走到了。如果在假山中，你从这个洞进去，从这里上台阶，再从那里下去，再转、再回、再绕，等你到B点的时候，可能两个小时已经过去了。你的生命在这个时候是被加长了。你旅行的时间被拉长了，你的生命也因此得到延展和开拓。这是中国人生命意识非常重要的一个元素。

宁寿宫花园古华轩旁山石的孔洞

用于赏石之“坛”形构造不外三种形式：一为砖制，多见于民间；二为石制，多见于皇家园囿；三为琉璃砖汉白玉复合式，则仅见于紫禁城御花园，如此坛。

丁文父《御苑赏石》

宁寿宫颐和轩前的琉璃花池

颐和轩有两组对称的树石小景，其中花池是主体，上各叠置一组玲珑多窍的太湖石。

穿过乐寿堂进入颐和轩小院，会看到步道两侧左右对置了两座琉璃花池，上有一组湖石小景，池后各植一棵松，南侧各有一块灵璧石，两侧布置完全对称，给人一种秩序、平和、均匀的美感。

《宫》：请问您觉得故宫的石头有什么特别之处？

王建平（收藏家）：我记得我很早以前来故宫曾经看到一组特别好的灵璧石（指宁寿宫花园遂初堂中的灵璧石），颜色灰黑，敲起来当当作响。当时就觉得故宫中的石头特别好。这里的石头，它的摆放，它与建筑之间的关系都是有规制的，有它不同于一般民间赏石的审美取向和精神追求，因此会形成一种独特的气场。

宁寿宫颐和轩前对称置放的一对灵璧石

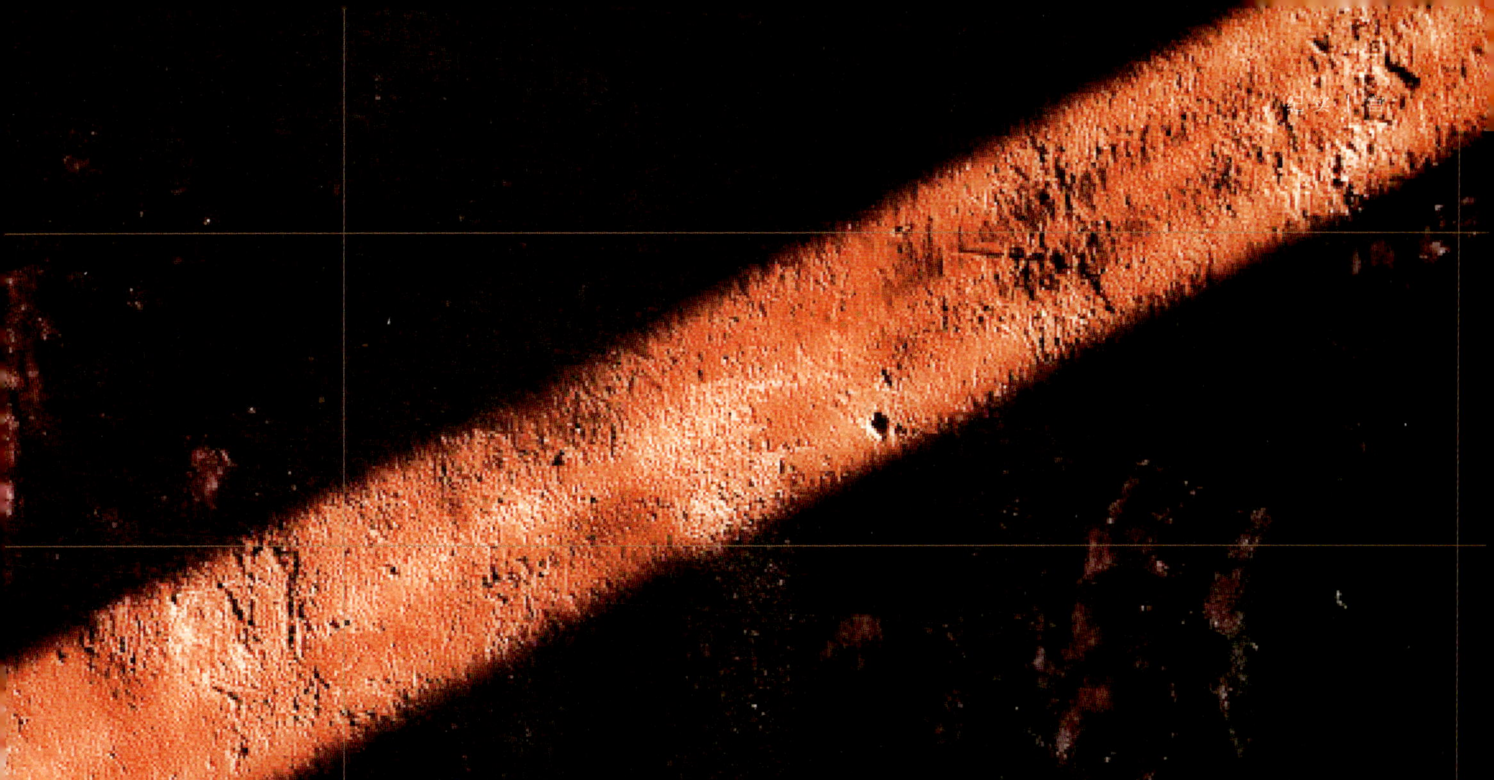

宁寿宫花园抑斋前的宣石

文／俞莹

宁寿宫花园抑斋前的清代中期变体须弥座“结晶石”的石种一直不明。这方石头为白中闪黄的石英状结晶体，结晶体类似柱状，乱中有序，莹白色肌理玉化程度颇高。整个造型粗看似景观，细察则似回首的神兽，虽然尺寸不大（高 0.43 米，宽 0.58 米，厚 0.33 米），但汉白玉底座非常大而夸张，浮雕海浪纹将石头高高托起，海浪纹中各种海怪若隐若现，十分生动，应该是乾隆年间的制作工艺。据笔者实地勘察，从其质色纹的特征来看，应该是宣石。这也是清代御苑赏石之中唯一的一方宣石，弥足珍贵。

宣石是古代名石之一，以其玉质感而知名，而且越是古旧，其玉质感越是强烈。在古代赏石中，白色的赏石以昆石和宣石为代表，昆石其实类似矿物晶体，只可远观，不宜亵玩，容易玷污。而宣石则不同，质地似玉，越是把玩质感越是通透。宣石最早的具体描述，见诸于明代计成《园冶》一书：“宣石产于宁国县所属，其色洁白，多于赤土积渍，须用刷洗，才见其质。或梅雨天瓦沟下水，冲尽土色。惟斯石应旧，逾旧逾白，俨如雪山也。一种名‘马牙宣’，可置几案。”宣石因为成名较晚，数量较少，传世不多，识者更少，特别是近代以来因为产地兵荒马乱，一度绝迹。存世最有名的，莫过于扬州个园四季假山之冬山，完全以宣石堆叠，给人以一种寒风凛冽、积雪未消的感觉，这也是传世最大的宣石巨制。一般则体量不大，孤赏单点的并不多见，常作盆景陪衬。如《红楼梦》第五十二回中介绍林黛玉闺阁：“暖阁之中有个玉石条盆，里面攒三聚五栽着一盆单瓣水仙，点着宣石。”曾几何时，宣石一度籍籍无名，近年来则发现新的产地和品种，除了历史上有名的“马牙宣”之外，又有“灯草宣”、“米粒宣”、“水墨宣”、“彩宣”等品种，多见景观，皴理如画，以冬景山水见长。

宁寿宫花园抑斋前的宣石

宁寿宫花园符望阁东侧障景石

符望阁东障景石

文 / 黄希明

符望阁东侧太湖石为障景石，矗立于汉白玉须弥座之上，连基座通高 4 米有余。其体形硕大、器宇轩昂，表面沟壑纵横、洞谷相通；须弥座雕刻简洁，沿边缘施以精致古朴的青铜栏杆，与太湖石相互映衬。宁寿宫后半部分为三路，西路即闻名遐迩的乾隆花园。符望阁坐落于花园北部，是园内最高大的建筑。符望阁东邻颐和轩、景祺阁，两者之间连以穿廊，西侧又顺地势建有凹字形的转折游廊，作为中路殿宇与西路花园的分界。游廊中部辟门，太湖石摆放在门外凹字形的缺口处，形成天然屏障。游廊内侧开敞，外侧以槛墙、盲窗封闭，太湖石为游廊的补充，两侧空间隔而不断。自符望阁东望，廊内有含而不露之神秘；由廊内西望，符望阁有若隐若现之委婉；绕过山石，阁兀然屹立眼前。宫

花园中散落着很多石座

石座有时候会成为猫咪们休息的床

穿过一条狭长的走廊，在一片假山处转弯，豁然进入景福宫小院，面前立着两座赏石，因近百年来的独居，而显得有一点神秘。

文峰

文 / 陈玉华

景福宫小园正中有一座平面八角形的汉白玉须弥座，南北长 4.2 米，东西宽 2.5 米，高约 1 米，石座上口是一圈高约 0.3 米的铜质栏杆。石座上立一块挺拔隽秀的巨石，这就是紫禁城内著名的“文峰”。石净高约 4.5 米，突兀峥嵘，纹理清晰，孔穴遍布，或大如盎盏，或小如蚁穴，玲珑剔透。此峰耸立在翠茵之下，整个庭院呈现出一派静谧清幽的景象，如诗似画。在石峰下部东面镌有乾隆四十一年御制《文峰诗》一首：

物有一兮必有偶，伯兮叔兮相与友。
玲峰既峙文源阁，文峰讵复藏严薮！
贲然肯来树塞门，景福宫前镇枢纽。
是处拟为归政居，老谢远游迩斯守。
皇山较之实卑之，却笑犹堪拜米叟。
巨孔小穴难计数，诡秾奇研自萦纠。
西山去京无百里，车载非关不胫走。
洞庭湖石最称珍，博大似兹能致否。
宋家花石昔号纲，殃民耗物鉴贻后。
岂如畿内挺秀质，弗动声色待近取。
抑仍絜矩于人材，政恐失之目前咎。
设因文以寓词锋，姑俟他年试吟手。

《日下旧闻考》一书中录有这首《文峰诗》，诗前乾隆帝自注：“昨于西山得玲峰，树之文源阁，既为之歌，兹以其副置于景福宫之门，名曰文峰而系以诗。”乾隆帝在诗中不仅对文峰的来龙去脉作了交代，并再一次道出了他在位六十年后“归政”这一心愿，要用宋代“花石纲”耗物殃民的历史作为训诫，以示乾隆本人是“惜物爱民”的。

在中国古典园林中，山石几乎是不可缺少的。或叠石为山，或取奇石为盆景，以巨石为峰也是一种常见的艺术手法。如著名的苏州留园冠云峰、瑞云峰、北京恭王府萃锦园的飞来峰及本文所述的玲峰、文峰等。因峰石的位置不同，则产生不同的艺术效果。冠云峰皆依池面厅而立，形成对景；萃锦园飞来峰立在园的入口处，揭开了园景的序幕。而这座文峰却与众不同，是竖立在四面有门的小庭园中心，无论从东、南、西、北任一方向走来，石峰都迎面而立，形成四面都有景，四面景物都以此峰为中心联结在一起。正如乾隆帝所描述的：“景福宫前镇枢纽”，形容得十分贴切。可见，文峰的设置是颇具匠心的。

（本文刊于《紫禁城》 1984 年 3 期，原文名《景福宫前话文峰》）

景福宫前文峰上的乾隆帝题刻

景福宫中的文峰

自文峰转一周，向东是另一座独立的小院，透过绿色的院门，可以看到远处一座灵璧石气势恢宏。

东坡小有洞天石，石下作一座子，座中藏香炉，引数窍，正对岩岫间，没焚香则烟云满岫。今在豫章郡山谷家，其家珍重，常与《告身》同置一箧。

宋 赵希鹄《洞天清录》

景福宫中的小有洞天

此石上有题刻“小有洞天”，评者称其“形状若横卧峰峦，体态磅礴，气势博大。表面有深沟远洞，纵横交错，跌宕起伏”。（丁文父《御苑赏石》）

进入小院，右手边有一玉石，其下底座较大，且左右各有一圆形孔槽。据宁寿宫开放处科员宁霄考察，宁寿宫和景福宫有几个这样的汉白玉基座，其单侧或两侧有圆形的孔槽，如今都已空置。

《宫》：您知道这种带孔槽基座的用处么？

宁霄（宁寿宫开放处科员）：景福宫前这座青玉山子，基座雕海水波浪，四角各有一龙，龙均作象鼻式，朝向当中波浪托起的玉山。在玉山两侧各有一槽孔。符望阁前的英石，基座雕海水江崖，在英石一侧，有一槽孔。抑斋前东墙下的宣石，基座雕海水，四角有水盘，内雕鱼鳖虾蟹，海水间雕独角龙、海猪、海马、海螺等，两侧各有一槽孔，有一槽中尚留有柏树树根。此三处石雕都是典型的乾隆朝作品，在乾隆皇帝营建宁寿宫时制作并安放。

关于基座上槽孔的用途：在景福宫玉山子（如图）的老照片中，依然可见槽中种植柏的样子，可知槽孔是用来栽种植物的。对照乾隆时期独有的昆仑石碑，其间基座两间处亦有相似的孔槽，其中北海的昆仑石碑（如图）右侧槽孔中至今还生长着一株柏树。从老照片可知此柏久已生长在此处。其他如颐和园东堤的昆仑石、圆明园中昆仑石，老照片中的柏树都郁郁葱葱。这种在石质文物陈设基座两侧设孔洞种植柏树或许是清代皇室特有的一种树石盆景形态。

景福宫前的玉石

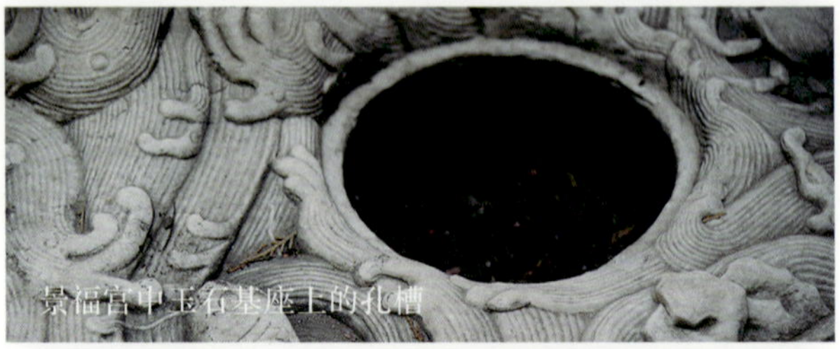
景福宫中玉石基座上的孔槽

北海公园的昆仑石碑

1920年以前景福宫前的玉石

御花园养性斋前的假山石

顽石何处来——宫苑赏石的历史变迁

文／韩光辉等

如今故宫中的赏石，它们从何而来？又曾经历过什么？朝代更迭，世事变迁，石却跨越千百年，犹如大荒山上的顽石，在空间中永驻。

从西汉长安太液池中瀛洲、方丈、蓬莱三神山的构筑，至北宋汴京艮岳的叠建，到金元琼华岛万岁山奇石的罗致，再到明清北京城宫苑诸多假山奇石的收藏、搬运、配置和堆砌，逐渐形成了皇家宫苑叠置观赏石的传统，消长流变，达到极高水平。神山、艮岳、万岁山、堆秀山名称的变化则反映了一个基本事实：随着山水审美的发展，早期宫苑假山宗教、神学的主导功能已渐渐让位于假山奇石的自然观赏。

宫苑中除构筑假山之外，更多的则是单体异石或称奇石的观赏。异石、奇石，顾名思义，是因质地、色泽或形态特别，在自然界中并非广泛存在而得名，诸如文石、太湖石、灵璧石、江华石、永州石、房山石、钟乳石等。（《说郛三种》卷十六、卷九十六）宋代艮岳赏石是中国历史上有明确记载的最早最多的皇家苑囿赏石的集藏，也是后世数百年御苑赏石的主要源流之一。

清人画 胤禛十二月景行乐图册页
故宫博物院藏

一、明：鉴戒不住的艮岳之风

明初建都南京，皇城中没有苑囿的设置。在北京，为镇杀前朝王气，朱元璋命北伐大将军徐达平毁元朝大内即宫城，并于太液池西元隆福和兴圣二宫遗址上营造燕王朱棣府第，洪武十二年(1379)完成。隆福宫假山和小蓬莱奇石景观作为燕王府第的组成部分，得到保护和利用。永乐迁都，修治西苑，琼华岛和小蓬莱(后改名兔园山)各种奇石免遭破坏，继续发挥着点缀和观赏的功能，但兔园山筑鉴戒亭，取殷鉴之意，嘉靖中曾加修葺。

宣德之后，时有敕命勋旧辅臣游西苑，览都畿山川形势之举。其中，宣德八年(1433)四月，宣宗作《广寒殿记》，首先描述了琼华岛当时情景，称："北京之万岁山，在宫城之西北隅。周回数里，而崇倍之，皆奇石积叠以成。巍巍乎，矗矗乎，巉峭峻削，盘回起伏，或陡绝如壑，或嵌岩如屋。"显然，明初琼华岛一如元代，仍是奇石丛集之所，未遭破坏。进而回顾了永乐中其皇祖太宗万机之暇燕游琼华岛，指顾山川面谕时为

宁寿宫花园中的假山石 林京摄

皇孙的宣宗“此宋之艮岳也；宋之不振以是，金不戒而徙于兹，元又不戒加侈焉”，而“昔唐九成宫，太宗亦因隋之旧，去其泰侈而不改作，时燕游以存监省。汝将来有国家天下之任，政务余闲，或一登此，则近而思吾之言，远而不忘圣贤之明训，国家生民无穷之福矣”。宣宗即位，虽用工修葺而不加侈，并“以所授大训，笔而勒诸乐石，既以自省，亦以昭示我子孙于亿万年”（《明宣宗实录》卷一〇一；按：《春明梦余录》宣宗有《艮岳记》，但未见著文，疑即《广寒殿记》）。明太宗、宣宗祖孙两代借鉴前朝花石教训，自律戒后，对有明一代特别是前期约束赏石的收集产生了一定的效果。

在宣宗之后诸帝诏赐勋旧重臣游宴琼华岛太液池的活动中，出现了不少游览西苑的诗文，如王直《记略》称，万岁山“皆奇石垒成，相传金人取宋艮岳石为之，至元增饰加结构焉”；“山下一石曰庆云，奇峰万变，盖艮岳之绝奇者。又有康干石。康干，国名。石乃松木入河，水浸渍久而成者，其木理宛然（按：康干石实乃外国进贡的一种硅化木化石）。”（转引自《日下旧闻考》）

天顺初，李贤《游西苑记》谓“怪石参差”，“立石为峰，以次对峙”；韩雍《赐游西苑记》称“山在池之中，磊（垒）石为之……石床翠屏，分布森列。峰有最奇者名翠云，上刻御制诗”，按此翠云石当即王直《记略》中的庆云石。叶盛《赐游西苑记》则更具体地提及了翠屏岩、郭公砖、木变石、太湖石等奇石（《日下旧闻考》卷三十五）。凡此，描述的均是集中在西苑琼华岛万岁山的奇石。据《金鳌退食笔记》记载，在西苑游览诗中也有描述兔园山假山与奇石的诗文。由万岁山“诸殿宇皆仍其旧，未尝修治，我朝列圣恭俭之德于此可见”（《日下旧闻考》卷三十五《宫室》引《王文端文集》），从鉴戒厅的修造知，明代前期在罗致宫苑观赏石方面未出现宋徽宗那嗜石如命的狂热。

朱瞻基行乐图卷（局部）故宫博物院藏

此幅描绘明宣宗朱瞻基便服檐帽在御园观赏各种体育竞技表演的场面。园中置石罗布，体现明代宫苑赏石的风貌。

明代中后期奢侈之风盛行和园林住宅建筑在上层社会的兴起，打破了太宗和宣宗在宫苑建筑中崇尚恭俭淳朴的戒律。先是景泰六年 (1455) 建御花房，后是天顺初英宗复辟后在其北狩还居之小南城龙德殿北“垒石为山”（《天府广记》卷五《宫殿》），额曰秀岩；然后是嘉靖年间御花园的扩修并修建慈宁宫花园；至万历十一年 (1583) 又在紫禁城承光门内御花园东北隅叠置了堆秀山，使园内“奇石罗布”（《明宫史》金集《宫殿规制》谓堆秀山位于“紫禁城之艮隅”），又在太液池东岸芭蕉园，布置了“古木珍石，参错其中”（文征明《西苑诗》十首之一）。由此看来，明代宫苑奇石收罗日渐丰富，并主要分布在紫禁城和西苑太液池万岁山即琼华岛一带。虽然就石源而言，以继承前代为主，正如《金鳌退食笔记》所说，琼华岛“所叠石，巉岩森耸，金元故物也”。但另一方面，明代中期之后，宫苑观赏石亦根据规划建筑的需要有所增设，见下图。

明代假山奇石分布 作者绘

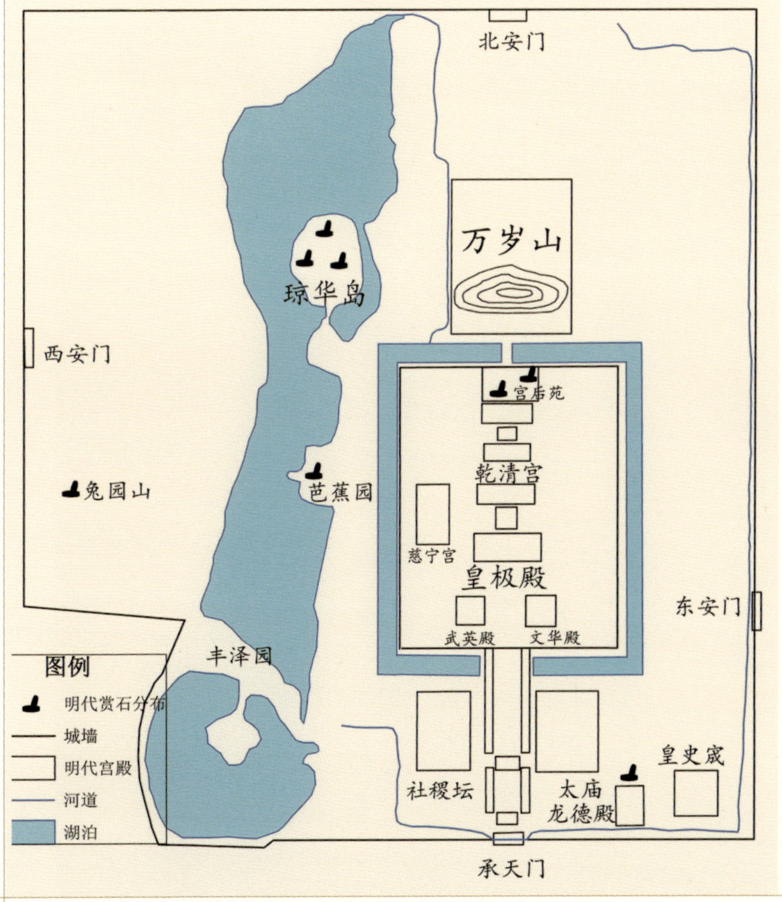

二、清代：空前罗致的叠山置石

清朝建都北京，京师宫苑制度一仍明旧。在昔日琼华岛万岁山，因清初毁掉山顶亭殿，立白塔建寺，故又名永安寺白塔山（按《国朝宫史》，“永安寺为金源琼华岛，踞太液池中，奇石叠累而成，皆当时辇致艮岳之遗”，依然是“奇石万垒，岩壑玲珑”的景观）。乾隆帝《御制白塔山总记》和《御制塔山南面记》，塔山即白塔山，亦即琼华岛，垒石回环，岩洞幽邃，“玲珑窈窕，刻峭摧嵬，各极其致，盖即所谓移艮岳者也”（《日下旧闻考》卷二十六《国朝宫室》及《国朝宫史续编》卷六十七《西苑六》）。总体上来看，琼华岛四面奇石景观未发生明显变化，但言其微观，“山之南，沿者多而建者少；山之北，革者伙而置者稀”（《国朝宫史续编》卷六十七《西苑六》）。说明琼华岛假山奇石的布局在清代发生了一定的变化。最为典型者，是康熙二十年(1681)冬，“运是山之石于瀛台，白塔之下，仅余黄壤，宜多植松柏，为青葱郁茂之观”（《金鳌退食笔记》卷上《琼华岛》）。白塔山奇石移走了不少，而在瀛台，“围置奇石，杂置花树”，使瀛台“迎薰亭”、“东西奇石古木，森列如屏，自亭东行，过石洞，奇峰峭壁，轇轕蓊蔚，有天然山林之致”，有“垒石参差积翠间”的点缀效果（《国朝宫史》卷十四《宫殿四》）。清代瀛台，明代称南台，原是一林木阴森，南有村舍水田，帝王阅稼的去处。欧大任《南台》诗即描述了这里的江乡水田农舍稼穑景色（《日下旧闻考》卷三十六《宫室引》）。至清初顺治中始建宫室以为避暑之处。康熙二十年(1681)，“于水边堆叠奇石，种植花树，层岩山壑，委曲曼回”，“别具幽致”（《金鳌退食笔记》卷上《瀛台》），这里遂成为清代皇城西苑内一处重要的避暑地和赏石集藏地。

在北海北岸，至乾隆中亦堆置了不少奇石以为点缀。乾隆四十五年(1780)四月，朝鲜使臣黄仁点曾目睹“五龙亭挟宫墙数里之间，左右堆积者，无非太湖石，石皆奇古，而玲珑嵌空，大小不一，一块非一车所可运。问诸彼人，则皆是新造寺观所装点之物”（《朝鲜李朝实录中的中国史料》第十一册）。

除上所述之外，在西苑内，见于《国朝宫史》、《燕都丛考》等文献记载的观赏石还有南海东岸的昆仑石，随安室玲珑如云的太湖石，春明堂前“文理尚在，鳞甲俨然”的木变石，“怀抱爽”亭侧近名曰“插笏”的二剑石，丰泽园戏台前“仿佛狮子林，黝然深谷”（《翁同龢日记》）的叠石，快雪堂前极秀削的太湖石，中海以西兔园山叠石为山、多立奇石等。

在紫禁城内，明代中期以来在御花园叠置的奇石，至清代沿而未改：“园内奇石罗布，佳树葱郁，有古柏藤萝，皆明代旧物。”（《日下旧闻考》卷十四《国朝宫室》）而天顺初在小南城叠置之秀岩，因南城至清初改作睿亲王府（《日下旧闻考》卷四十《皇城》），并随睿亲王多尔衮病死后削爵籍没改建为寺庙而衰落了。但康乾时期又有多处花园奇石在宫禁内陆续置设。

慈宁宫，明嘉靖中始建，顺治十年(1653)重建，康熙朝为太皇太后居住处。乾隆十六年(1751)重修，为太后居止处。前为慈宁南花园，其观赏石可能是康熙时自明小南城即清初睿亲王府移置而来，乾隆中益加增设。

清人画 胤禛十二月行乐图册页

清朝宫廷画家郎世宁所创作，表现雍正皇帝日常生活，从中可以依稀看到已经消失的圆明园。画家在每一页中都使用不同的颜色、技法表现宫苑置石，可以看出清代宫苑置石丰富且富于变化。

宁寿宫花园古华轩前的假山石 林京摄

撰写本文期间，作者韩光辉老师近 80 岁高龄，与学生王洪波一行随本刊编辑走访紫禁城，依《日下旧闻考》记载，一一核实御花园、慈宁宫、宁寿宫、建福宫、文渊阁、寿安宫、南三所的叠山置石。除寿安宫叠山现已不存，余者均在。

宁寿宫花园，又名乾隆花园，位于宁寿宫之北。宁寿宫建于康熙中，为奉养太后之所。乾隆三十六年 (1771) 重加修葺，拟为乾隆本人“以俟归政时，老景消荏苒”处，故花园内结石成岩，叠石为屏。乾隆四十一年 (1776) 在北京西山所得“巨孔小穴难计数，诡棱奇渼自萦纠”的湖石，命名“文峰”即置于此宫景福宫阶前(《日下旧闻考》卷十八《国朝宫室》)。除“文峰”湖石外，还有“云窦”石洞及“翠鬟”山亭等观赏石景观，均为乾隆时期叠置。又有“水趣山情静可论”，“乐惟仁者寄于山”的楹联及“寄兴由来在山水”等诗句。故此花园是清代紫禁城内观赏石较为集中的一区。但自乾隆帝离世后，至清末的百余年间无人居止，荒芜特甚(《日下旧闻考》卷十八《国朝宫室》)。

建福宫，在乾隆龙潜旧邸重华宫西，葺建于乾隆五年 (1740)。葺建是宫，原因“其地较养心殿稍觉清凉，构为邃宇，以备慈寿万年之后，居此守制”，即作为太后逝后，在大内守丧静居场所。在宫内碧琳馆则“叠石为假山”，延春阁前“叠石为山”，上有“积翠”亭，“山

左右有奇石，西曰飞来，东曰玉玲珑。山之西穿石洞而南，洞口恭勒御题曰鹫峰”。有“奇石尽含千古秀，好花长占四时春”和“地学蓬壶心自远；身依泉石兴偏幽”等与奇石假山有关的楹联。故而这里有“文石耸立，佳木丛生”之誉（《日下旧闻考》卷十六、卷十七《国朝宫室》）。吴振棫则认为：“大内宫殿，崇宏肃穆，非苑囿比。乾隆五年(1740)葺建福宫……其间幽邃静丽，各极其胜。花竹树石，布列远近，其规制与内宫殊不同也”（《养吉斋丛录》卷十七）。

寿安宫，在慈宁宫北，本明代咸安宫旧址，乾隆十六年(1751)改建，为先朝嫔御居止处，宫内后庭中亦“叠石为山”。（《日下旧闻考》卷十九《国朝宫室》；按据本刊与作者实地考察，寿安宫内假山石现已不存）

文渊阁，位于文华殿后，乾隆三十九年(1774)创建，用贮四库书籍。阁后叠石为假山。（《日下旧闻考》卷十二《国朝宫室》）

南三所，文渊阁东北、三座门北有殿宇三所，因相对于御花园东之北五所得名。有撷芳殿，覆以绿瓦，为皇子所居，仁宗嘉庆初出宫时的府第。嘉庆中，宣宗与诸皇子也居此。宫殿之外东南亦有假山奇石。（《日下旧闻考》卷十三《国朝宫室》及《养吉斋丛录》卷十七）

由此可见，清代宫城之内至少增加了六处假山奇石观赏景观，且主要集中在乾隆时期。

清代皇城假山奇石分布 作者绘

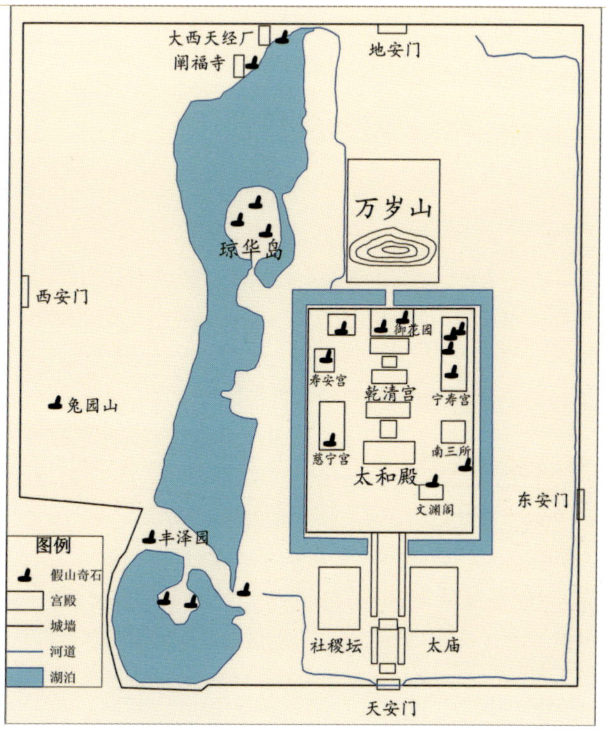

三、描摹山水的自然情怀

唐代宫苑观赏石因史料局限难以确指其布局特点。宋代奇石假山集中叠置于艮岳，金代奇石假山集中叠置于中都城西苑琼华岛。南宋奇石假山集中叠置于行都临安德寿宫，是时，“高庙（按宋高宗）雅爱湖山之胜，于宫中凿一池沼，引水注入，叠石为山，以象飞来峰之景，有堂扁曰冷泉”（《梦粱录》卷八《德寿宫》及《武林旧事》卷四《故都宫殿·德寿宫》夹注）。元代宫苑奇石假山则集中叠置于大都皇城万岁山琼华岛，另在奎章阁有灵璧石，隆福宫和兴圣宫西均置假山，小蓬莱多立奇石。明代宫苑奇石仍沿元代集中叠置于琼华岛外，又在宫城内小南城叠置有假山秀岩，在御花园叠置了堆秀山并布置了奇石，另在西苑芭蕉园亦有珍石布列。至清代，尤其乾隆时期，宫苑观赏石空间布局迅速扩展。除明代已布置者外，清代仅紫禁城内新叠置假山奇石即多达六处，在皇城西苑中则出现了更多的假山奇石，形成新的空间格局，一如上述。

清代宫苑假山奇石等观赏景观增多，不仅与自古以来山水审美和山水园林塑造的空前发展有关，而且与封建帝王迷恋山水景观和模拟山水景观的个人兴趣有关。

中国山水审美和山水园林塑造拥有悠久传统，至明清时期形成高潮。仿效自然山水景观构筑为园林佳景的有机组成部分，尤以江南为盛。明末计成著《园冶》是对明代及其以前我国造园艺术和造园成就的科学总结，其中对掇山与选石的原则和技巧介绍甚为详明。关于掇山，“立根铺以粗石……方堆顽夯而起，渐以皴文而加；瘦漏生奇，玲珑安巧。峭壁贵于直立，悬崖使其后坚。岩、峦、洞、穴之莫穷，涧、壑、坡、矶之俨是；信足疑无别境，举头自有深情。蹊径盘且长，峰峦秀而古”，可得“多方景胜，咫尺山林”的效果。诸赏石中的太湖石“以高大为贵，惟宜植立轩堂前，或点乔松奇卉下；装治假山，罗列园林广榭中，颇多伟观也”（《园冶》卷三《掇山选石》）。这不仅反映了明代造园艺术在假山赏石叠置方面的成就，而且对后世造园艺术产生了深远影响。

石头是微观的山的意象。
石头不是物质地再现一座山，
而是一个具有象征意味的理想意象。
它们的作用是替代梦境中的仙境美景。

Ian Wilson 《灵石》 载《供石观》

五代 卫贤 高士图（局部）故宫博物院藏

再造

解构与重塑

唯有与自然对话时，王朝统治者才放下无上尊荣，以虔敬、颇富个性的方式表达欲望，寻求启示。皇家园林中营造的微观自然，便是完成此类交流的绝佳场域。

今人游园，可品味取材天然、巧夺天工的精心妙构，也会嵌入爱意和信仰，探索属于当代的对话方式。

紫禁城里好清凉

——冰窖的故事

文／王亚民　摄影／孔祥哲等

设计冰窖的具体实践，要围绕「冰」这个主题组织材料，延伸至生活中舒适的、令人悠游其间的真实感受。这样，设计中的老与新、虚与实，才有可能构成诗意的空间。

一

在冬季风寒的季节，就想着家乡的冰河。一个正月的夜晚做了个梦，梦见在夕阳里滑冰见到爷爷的场景。爷爷早已仙去，我突然动了扫墓的念头，同时也想看看家乡的冰。

那天早晨五点就出门了，从市区开着车往太行山深处驶去。一百公里以后，家乡已近。整片大地都还在暗蒙蒙的底色里，只有弯弯曲曲的河道，已是冰雪封冻，冰面上倒映着欲曙的天光，上游下游，开始像镜子一样亮了起来。这时光线甚暗，冰河的镜面还显得那么模糊，像紫禁城里蒙尘的古老铜镜，约略有斑斓的锈色。

这时，父老乡亲还没有起床，偶尔听到鸡鸣声。我站在村口静静地等待，等待那渐渐明亮的天色，等待那日出时的光耀，等待那一层一层把镜面擦亮到最后不可逼视的瞬间。悠然间，太阳从东山上露头，冰河几乎就是灿然的光，两岸的山石、枯丛变成了美丽的剪影。顿时，我心无一物，却能感受到冰带给人的“美”的极致。

小时候的冰是冰冷的，又是温馨的；这一刻的冰是美丽的，又是永恒的。多少年过去了，每当回忆这次扫墓之行，恍如面对生命里无法言传而挥之不去的召唤，是用直觉感知的真真实实一种存在，是微微隐痛而确实略带甘甜的战栗。一川冰河，屋檐下的一根根长短不齐的冰凌——面对这些具体的物象，我终于又重新触摸到那几乎隐而不见、却又从来不曾离开片刻的“初心”。

再

冰窖餐厅夜景

冰窖餐厅入口处

二

人的旅程不可思议，没想到工作的后半程来到故宫。单霁翔院长是位了不起的领导和长者，在他的掌舵下，我生命中积蓄的一点能量得以释放。在他的规划下，故宫的西部区域如慈宁宫、慈宁花园、寿康宫相继对社会开放。曾经是宫廷女性生活的地方，终于掀起了“红盖头”，让人们可以尽情地一睹芳容。规划开放的这片区域中，单院长看准了曾经的内务府冰窖，决定日后将其作为古代冰窖体验区和餐饮休闲场所，为公众提供更好的服务。

生命如果真如一条河流，在接触故宫冰窖之前，我的心曾经是那么谦卑、安静，一如宫墙内的垂柳，静静等待来年的春日。在空间与时间的交汇点上，我有幸能够接触“冰窖”这一文化遗存——一如满人信奉的神鸟，它可以作为心灵上的凭藉，引导着我在通往故乡的漫漫长途，渐渐找到新的路径。

作为冰窖项目实施者，我所能做和所要做到的，应是按照单院长的意思，尽力去呈现它自己而已。要让这个“自己”能够完整和圆满地呈现出来，要在规划、设计和作品里，把所有的思路和感觉清晰地传达出来，是一件很不容易的事情。

自此以后，我常常站在隆宗门外，静静地审视长满蒿草的冰窖。几百年前的事，仿佛太监宫女，在长长的红墙下你来我往走个不停。看到那熟悉的霞光和飞翔的乌鸟，心中无限酸楚，我终于明白了，在这世间要“完整的传达”，其实是不可能的。

冰窖餐厅一层的花窗

冰窖餐厅入口处的花窗

《周礼》有冰人，掌斩冰，淇凌。注云：凌，冰室也。其事始于此。

三

紫禁城中的冰窖在明代就已建成使用，算来也有五百岁左右的年纪。我国北方夏季炎热、冬季寒冷，入冬储藏冰块供夏天使用的风俗由来已久，故宫冰窖也不是最早的。据典籍记载，古代宫廷采冰而储的历史可溯至周朝。宋人高承《事物纪原》载：“《周礼》有冰人，掌斩冰，淇凌。注云：凌，冰室也。其事始于此。”

早在周朝，王室就设有“凌人”这样的官职，专门负责采冰、储冰和用冰之事。那时，藏冰之地称为“凌阴”，也就是后来的冰窖。建筑构造和明清冰窖没有太多差别，可以把冬冰保存到夏末。夏天的时候，还有存冰的器具“冰鉴”，用青铜制成，存放食品可以保鲜，起着现代冰箱的作用。关于“凌阴”，考古发掘已发现遗迹，时代大约在东周；冰鉴已多有发现，且器具已很是精美。

《诗经》中有“二之日凿冰冲冲，三之日纳于凌阴，四之日其蚤（早），献羔祭韭”的诗句，说的是周人于腊月采冰，正月把冰储藏在凌阴，二月用冰镇的羔羊肉和韭菜来祭神。“国之大事，在祀与戎”，所以古人祭神祭祖的仪式十分频繁，祭器要精美，祭品要新鲜，否则就是对神的不敬。祭祀之后，还要把祭肉赐给亲贵大臣，名曰“散胙”，以示他们也可以分享神的庇护和保佑。

春秋晚期，在诸侯的宴席上就出现了冰镇米酒。《楚辞·招魂》这样记载：“挫糟冻饮，酹清凉些。”王逸注称：“冻，冰也。言盛夏则为覆蹙干酿，提去其糟，但取清醇，居之冰上，然后饮之。”意思是说，夏天将酿制好的米酒过滤其酒糟，然后冰镇，饮之则清凉可口，神清气爽。

唐代，市场上已出现了卖冰的商人。《唐摭言》曰：“蒯人为商，卖冰于市。”诗人杜甫则有“公子调冰水，佳人雪藕丝”（《陪诸贵公子丈八沟携妓纳凉，晚际遇雨》二首其一）的诗句，称自己在长安丈八沟喝到了贵公子调制的冰水，吃了美人亲手做的莲藕。只是当时储藏冰块不太容易，到了夏天价格不菲，“长安冰雪，至夏月等价金璧”（《云仙杂记》）。

冷饮品类更为丰富的宋代，出现了把牛奶、果汁、药菊、冰块混合，调制成类似今天刨冰的名叫“冰酪”的饮品，北宋汴京的“沙塘冰雪冷元子”、南宋临安的“雪泡豆儿水”都属于此类。诗人杨万里很喜欢这一类饮品，曾作《咏酥》诗大加赞赏：“似腻还成爽，才凝又欲飘。玉来盘底碎，雪到口边消。”

到了元代，忽必烈的宫殿里出现了类似冰激凌的冻奶酪。意大利人马可·波罗来中国后很喜欢这种饮品，回国后把它介绍到西方，经过不断加工改进，逐渐演变成了如今的冰激凌。看来，追根溯源的话，冰激凌的根还是在中国呢。

清人王渔洋“樱桃已过茶香减，铜碗声声唤卖冰”的诗句中，昔日场景清晰生动，宛在眼前。

四

明清时期，盛夏时节用冰已经很普遍了，不仅宫廷贵族用冰，民间用冰也很流行。清人王渔洋“樱桃已过茶香减，铜碗声声唤卖冰”的诗句中，昔日场景清晰生动，宛在眼前：京城卖冰者手持铜盏左右摇晃，清脆的响声吸引顾客前来买各种冰饮。这些饮品的镇冰，供冰时间从农历五月初一开始，至七月三十日为止，其货源都是来自冰窖。

关于明代冰窖的史料保存下来很少，但也见零星记载：雪池冰窖始建于明代，到了清康熙年间重新修葺。《藤阴杂记》这样记载：“雪池，康熙中赐蔡升元，内府司员，冰雪施工，如期告竣。”“雪池”，典出“雪

清末北京夏日推独轮车的送冰者

窖冰天”，是冰窖的雅称，地面下挖四米许，地面上只露出一米多高的四壁，六座冰窖大约存冰三万二千块。据潘荣陛所撰《帝京岁时纪胜》，腊八日御河起冰贮窖，通河运冰贮内窖，太液池起冰贮雪池冰窖。恭俭冰窖的建筑年代和规制，大体上与雪池冰窖相同，因其位于恭俭胡同而得名。

清中期以前，冰窖分为两类：即官窖、府窖。布衣百姓不能擅自经营冰窖。到了晚清，管理不那么严格，民间也有一些冰窖出现，统称“民窖”。清代冰窖贮冰的使用，有着严格的规定，工部都水司所管的十八冰窖，统称为“官窖”，专门负责宫廷和官府用冰。当时京城有四处官窖，共十八座，其中紫禁城冰窖五，藏冰二万五千块；景山西门外、德胜门外、正阳门外共计藏冰十六余万块，以供宫廷、公廨之用。此外，城外的海淀、热河行宫、东西陵也都设有官办冰窖。

各冰窖贮藏的冰块，都是冬天从河、湖中采得的天然冰。每年立冬以后，要先“涮河”，即捞去水草杂物，开上游闸门放水冲刷，再关下游闸门蓄水。冬至后半个月，工部都水司有采冰差役定员 120 名，开始在紫禁城筒子河、北海及中南海等处采冰，人手不够时还要加雇短工。

民国时期冬季搬运、存储冰块

民国时期的冬日采冰情景

民国时期的冬日取冰

大清乾隆御制款掐丝珐琅冰箱 故宫博物院藏

日至颁冰候，凌人纳鉴中。
贮饔能致爽，沁齿似生风。

采冰差役用的皮袄、皮裤、长筒皮手套，还有鞋子，都是官府专门定制的。采冰之前，都要相冰，看哪个地方的冰纯净透明且匀称坚厚，切割成一尺五寸见方，每块重约 80 千克。采过冰的冰面再次封冻后还可以继续采，有些冰面能重复采三四茬。采下来的成冰运到冰窖，再由熟练的差役由里向外、由下到上，一直码放到距窖顶数尺，盖上棉被，然后封闭窖门，直至第二年夏天取用。

取出来的冰块，可制作成各种冷饮。其中“冰镇酸梅汤”这种很受欢迎的饮品，几百年前便已在御膳房调制成熟，有除热解毒、祛痰止咳、生津止渴等功效 。民国以前，上至皇亲国戚、下至黎民百姓，每到夏天都爱吃冷食，乾隆皇帝的《冰椀》诗这样写道：

浮瓜沉李堆冰盘，晶光杂映琉璃丸。
解衣广厦正盘礴，冷彩直射双眸寒。
雪罗霜草翩珊珊，坐中似有冰壶仙。
冰壶仙人浮邱子，朝别瑶宫午至此。
古人点石能成金，吾今化冰将作水。

这些来源于冰窖、用于制作“冰椀”、冰镇西瓜、冰镇酸梅汤的冰块，在宫中大多放置在一种叫冰鉴的器具里。这种器具，相当于现在的冰箱。道光皇帝《冰鉴》也有句吟诵：“日至颁冰候，凌人纳鉴中。贮饔能致爽，沁齿似生风。”

卖梅汤

见于法国国家图书馆藏《清国京城风俗图》

有年老的御厨出宫，把这种调制方法带到民间，做出的饮品受到百姓们的喜爱。那时北京城的大街小巷，干鲜果铺的门口，随处可见卖冰镇酸梅汤的摊主，手里拿着一对小铜碗，不时撞击，在炎热的夏日发出悦耳的声响。路人闻声，即使不喝酸梅汤，便已有望梅止渴的清凉之感，更何况喝下一碗暑气顿消，那个痛快难以言表。清人郝懿行《都门竹枝词》描绘的“铜碗声声街里唤，一瓯冰水和梅汤”，正是这样一幅市井消夏图。

五

紫禁城内冰窖，现称故宫冰窖，坐落在隆宗门西南的造办处外。四座冰窖形制完全相同，均为南北走向的半地下形式。从外表看，冰窖的建筑与宫中一般规格的建筑无异，黑筒瓦元宝脊、硬山顶，灰色的墙面，无窗，只在山墙的两端各开一券门，从门洞进入可沿阶而下至窖底。地下部分深约 1.5 米，窖内净宽 6.4 米，长 11 米。地面由大块石条铺就，其中一角留有沟眼，融化的冰水由此流入暗沟。地面以下的四壁由条石砌就，地面以上砌 2.6 米高的条砖，然后起条砖拱券形成券顶。窖墙厚达 1.5 米，隔热效果很好。故宫冰窖由于废弃已久，百余年来没有进行过维修，冰窖墙面斑驳脱落，窖顶上长满了杂草。冰窖内部，堆放着废弃的杂物、施工工具，还有水泥之类的东西。夏天进入这里，依然寒气逼人。

这样古老且几近废置的冰窖，单霁翔院长想让它“活起来”，成为故宫观众们的饮食休憩之所，而这种餐饮和休憩之所要和故宫文化内涵主题所切合，其实并不容易做到。所以，只能以“不设计”为设计，从冰窖的品牌、环境入手，自然呈现出人文创意；考虑内部空间的表现手法，以及空间中丰富的文化内涵，再

冰窖南三室内砖垛

冰窖南二室内

考虑到冰窖餐饮、休憩的机动性和舒适感，最后，将这一切消化理解，转化成当代人生活的品味需求。

然而，冰窖的设计、冰窖的经营，都面临很大的挑战。

面对迅即而变的市场经济，每个人都急切希望更快速的反应。被市场拖着走的疲惫身影，置身于急欲赚钱的躁动时代，创意和美感的源泉很容易被无情挤压至干涸。我国的设计和审美的沉落，已经太久太久了。当代设计者们可以继续选择模仿西方，甚至选择继续颓废，但也可以选择自己改变和开创一个时代。改变，应是未来的设计者所具备的一份坚持、一个理念。勇于改变，梦想才可能成真。故宫的冰窖历经岁月打磨，已有了历史积淀中的温度与深度，并不“冰冷”，问题是如何启发人们面对“深度”而感动，以及是否愿意肩负起使命，让曾经的时代品味在当下延续、与当下呼应。所以，我们秉持着这样的理念——努力去成就这个时代对于冰窖历史内涵的传承，进而创造出属于这个时代的态度、品味，以及有深度的人文生活方式。如果我们的努力，能让更多的观众在亲身体验中获知冰窖的历史信息，进而在时空交汇中找到属于这个时代的文化成就，那么，也能留下一份经济富足后、关于当代生活的美好回忆。

因此，决定一个时代精彩存续的关键，就在于对文化高度的理解与坚持。如果对物欲一再纵容，那生活中的时代文明，也会随着时间远去而逐渐褪色，甚至消亡。所以，立足于当代的创造至关重要，做得好，才值得下一代咀嚼、品味。

对冰窖的诠释，就是要把握“冰”之主题，努力创造，为这个时代留下新的脚注，那就是“人文”，也是会被这个时代所保留下来的“美好记忆”。所以，我们坚信只要具备努力不懈的人文精神，以及持续不断的创造力，最终一个崭新的时代，就会在那文化的发现和创意设计的过程中，经由一点点“品味”的积累，渐渐被垒砌起来。

六

冰窖已历经数百年，在当代文明环境里，每个人对于空间和生活，都会有不同的观察和需求，文化的再创造，就要为下一个时代全新的质感和品味高度提供最好的基础、创造条件。所以，一开始设计冰窖，为当代人服务的发愿，就像是人生的一次旅行；自然进入创意以后，陈旧的冰窖就好像焕发了新生，这便让人充满了期待。所以，冰窖每一个环节的设计，无论是对既有空间的重新修葺，还是出于功能的考量而新建，从设计开始到与冰文化相连接，这一过程中，许多人生中短暂而美好的片断记忆便不断涌现。这些片段中，便也包括年少时在故乡经历的微小却动人的琐事——这也可算作是创作者人文内涵的积累，甚至参与构成了一件作品中令人感动的细节。

冰窖咖啡厅

冰窖书吧室内环境

冰窖历经数百年沧桑，一年又一年的风雨剥蚀，似已在我脑海中留下印记；这其中的内涵蕴藉深远，细腻生动，在今天的设计创意过程中滋养出丰富的文化图像。

当我们重新定义故宫冰窖再设计时，一开始要面对的问题便是：到底应从“人”的角度来思考生活，还是从“窑洞”的角度来看待既有空间。这包括了人和弃置空间在当下所扮演的角色问题，其中还包含了许多复杂又细微的对应关系。所以，理性地探讨冰窖设计，到底是将人的需求至于首位，还是优先满足空间的条件？我认为，在设计伊始，人的需求是第一位的。如果设计过程中，没有加入文化和适度的“当代性”，那冰窖便会仅仅是供应餐饮的实用空间，成为一个不具备欣赏性与想象

冰窖咖啡厅室内环境

力的半地下洞窖，这样的它是没有生命的。设计冰窖的具体实践，有点像学生做作文，要围绕“冰”这个主题组织材料，延伸至生活中舒适的、令人悠游其间的真实感受。这样，设计中的老与新、虚与实，才有可能构成诗意的空间，才值得反复玩味。

十八棵槐以北、隆宗门以南的冰窖区域，经年累月，杂草丛生，且间有一些建筑垃圾散落。这片百年间没人过问的地方，似是浓缩了晚清皇家芳草萋萋的旧景。不过，只要稍作一些当代设计——譬如介于冰窖四与两券殿间的咖啡屋，介于冰窖三与冰窖四之间的厨房，譬如可以欣赏美景的二层露台、冰窖外可以欣赏红墙老松的近百米的平台——这些空间都已糅合了传统建筑的文化意象，就可以结合数百年的历史背景，把昔年宫廷盛景，与新创的冰窖品牌合而为一。

设计中的老与新、虚与实，才有可能构成诗意的空间，才值得反复玩味。

从环境、空间到文化，是什么能够特别吸引观众，让他们愿意去欣赏？

长期以来，对于故宫空间的每一次创意和设计，我都会反复地思考这些背后的目的和意义。从环境、空间到文化，是什么能够特别吸引观众，让他们愿意去欣赏？所以，在每一次创意与设计的过程中，我都要找到一个可以说服自己的理由，再去完成每一次呈现。接下来的设计过程，在对文化历史、环境空间的定位思考中，则是运用传统中国造园中最简单的技巧——因地制宜、移情入景的手法来安排。这样，观众来休憩消费，便有机会清楚意识到故宫冰窖所具备的深度文化和内涵。

所以，一个结合了当代建筑形式与传统园林模式，运用现代材料，在树木参天、红墙黄瓦之间来安排符合冰窖未来所需要的综合环境，终于在多方的努力下诞生了。这时，我们便可以清楚地理解，原来中国古人的建筑与造园，竟然就已经把人文思考和社会消费，以及人与人之间的互动考虑进去了。这种考虑，是从室内到室外、从建筑到环境、从生活到美学的。最终，从古到今，这些取自传统文化的收获，都被我们虚心地汲取消化；今日冰窖呈现的，便是这个以人文、质感为目标，在传统与创意中诞生的场所。

冰窖餐厅地下一层

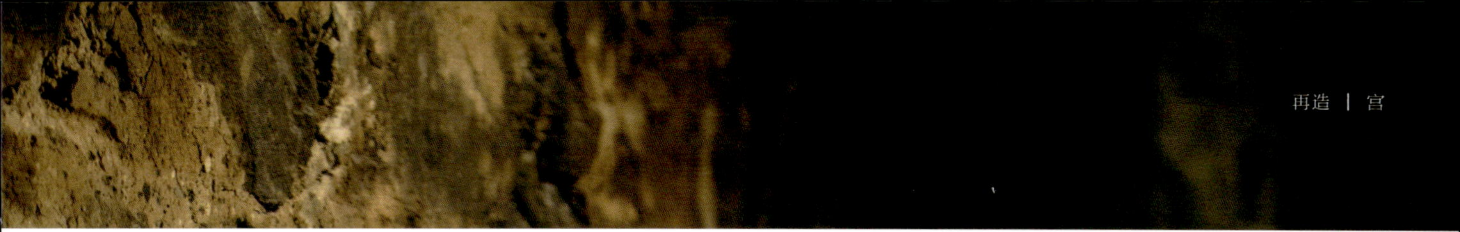

冰窖内券顶数百年的老砖，像历经沧桑的老人，岁月的痕迹是那么的明显、斑驳。那悬挂着的，一盏盏专门定制的水晶灯，姿态恍如冬日屋檐下挂着的冰凌，垂垂欲坠，趣味盎然，与古砖沉郁的深灰色，形成了动与静的对话。

整个装修主题围绕“冰”来组织材料，入口与出口的墙壁都用水晶砖砌就。设计者还不满足于此，又在柱子、围栏处挂满了水晶砖，甚至从地面砌起了水晶垛，营造出窖内寒气袭来、寒光逼人的感受。冰窖这样独特而古老的空间，在中国大地上屈指可数，凡游故宫者，大多都要在此歇歇脚；冰窖也像阅尽人世百态的老者，等待别人来此一坐。就连冰窖的凳子，也好像沁了岁月的气息。冰窖也以一位老者的慈祥，让每一块水晶材质，让每一件家具都有了文化，有了表情。休憩于其间的人，也能由此对古代社会中优裕从容的生活方式，有了片刻生动感受。

对冰窖既有空间的改造与提升就是这样。感人的空间，一定有设计者的情感投入，文化创意的延伸不应忽略我们脚下的土地，不应忽视从文化中、从生活中来的真实记忆，在表现“传承”和“当代”时，才会有血有肉有情感。

冰窖所加入的现代内容，须尽量体现实用性，但也不妨碍表现它的美感。在总体外观设计上，厨房屋顶的露台和长约百米的窖外平台，营造出了一种环境视觉的错落感，让游客至此感受到不同的空间区分，在展现层次美感的同时，也让游客成为了历史的体验者与现实的参与者，好像交错行走于不同的时空。百米平台特意做了绿化带，上面放置大小、形状不一的石头，其中一块上，植有一株小树，还有不知名称的、类似荆棘的植物，南北向路面就被挡在视线之外。

冰窖的主入口处，南北夹道尽头安排了两个小景：南植松，北置石，并用中有大大圆孔的门隔断。远远望去，松树枝干虬曲、老枝横披、虚实相间；而石头则是百年间弃置不用的，曾静悄悄地躺在杂草里，冰窖改造时被启用，移到了此处。这是块太湖石，现在虽然少了些许南方的

冰窖主入口处的太湖石

灵动，但多了北方的沉稳大气，其上沟壑纵横，孔洞密布，可观可赏。一树一石，厮守在一起，不论春夏秋冬。好像也在印证、演绎着一段如《红楼梦》里“木石前盟”那般缠绵悱恻的故事。

冰窖餐厅外景

七

隆宗门外冰窖的东侧，那段去年才修葺过的路面铺设了类似青砖的石头，人们称它“蒙古黑”，踩在上面，有很舒服的触感。路东侧绿茵茵的草地上，长着一株株粗壮且造型独特的松树；再向南，便是有名的“紫禁十八槐”，这些槐树的历史可上溯至明代。比十八棵槐树更年老的，就是与它们比邻而立的断虹桥了。故宫现存的元代旧物很少，断虹桥或许就是唯一的地面遗存。桥面上一尊尊历经沧桑的石狮，已然斑驳，有的面貌已模糊不清，六七百年来蹲在空荡荡的桥头。好在，位于故宫西部的冰窖，以及慈宁宫、寿康宫已对公众开放，今人沿着这条线路，不仅可就餐、休憩，也可一睹历史遗迹的风韵。冰窖餐厅开放后，这条线路的观众也会愈发多起来。这一切来自于生活的创作，古老、单纯、自然而又生机勃勃，在人们饮食与休憩的不经意间，注入了安静的力量。推门而入，人仿佛进入了历史，心也顿时沉静下来。

或许观众的热情也感染了宫中的鸦雀，它们也在空中聚集起来，纷纷飞赴冰窖外觅食。冰窖西南侧武英殿书画的墨香，以及西北侧慈宁宫佛堂的诵经声，也好像从历史深处传来，仿佛天地神祇和祖先英灵在呼唤，我不禁心中震动，在敬畏中感受到孺慕般的温暖。

故宫是一部永远看不完的大书，千种求知的愿望铺展开来。而冰窖的“复活”，也让我开始察觉，“还乡”原来并不是路程的终结，反而是一条探索之旅的开始。

知识链接

清代除了宫廷冰窖，还有一类府窖，是专门为王府建立的冰窖。并不是所有王府都有资格建置冰窖，只有少数几位为朝廷开疆拓土，功勋卓著者，经皇帝特许后才获得建窖储冰的特权。所以尽管当时京城王府很多，但府窖只有少数几处。例如地安门外的白米冰窖胡同（现白米北巷）的冰窖，就曾是恭王府的府窖。

清晚期官禁松动，民间陆续开设了一些冰窖，比较著名的有：永定门外桥东河沿的合同冰窖、东便门外桥北的义成冰窖、前门外金鱼池的新记冰窖、什刹海南岸的宝泉冰窖、中南海东南角的永顺冰窖等。晚清宫廷举办重大活动，官窖藏冰不敷用时，也会从民窖里采办一些。那时夏季卖冰，市场需求很大，利润也高，每百斤冰可卖五两银子。有的王府看到冰市行情好，便把府窖承包给商人，从中分利。

冰窖又有砖窖、土窖之分。砖窖由条石和砖砌成，隔热性能较好，所藏冰质纯净，主要用于宫廷生活和庙坛祭祀。土窖相对简陋一些，是挖土坑，筑土墙，其上搭盖芦席棚顶而成的简单冰窖，隔热性能差，冰质的纯净度也不及砖窖。

首下围林暑未蒸，九华初御转凉增。
南熏殿里笙歌起，四月清和已进冰。
《乾隆御制诗·冰窖》

冰窖咖啡厅 尚海泉摄

落地窗外可见冰嬉图壁画

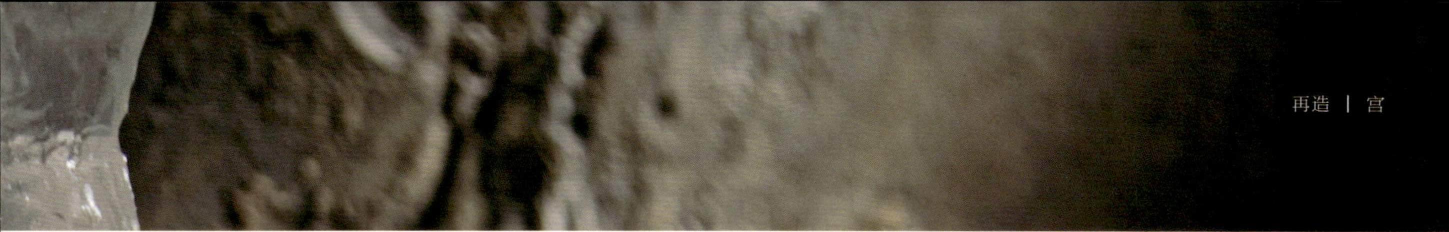

王东宁（冰窖餐厅灯光总设计）

设计冰窖灯光时，首先希望通过灯光营造出一种静谧的，既有历史感的又有皇家气息的效果。现代的琉璃制“冰”与古代建筑相结合，仿佛是现代与古代的对话，这种效果需要结合光的温度来表现，即色温。通过色温的调节加大反差，突出“冰”在空间中的效果。

打在在冰上的光线，采取的是顶部直射冷光，像冰一样的温度，给人以清凉晶莹的感觉。原冰窖的砖质墙体及拱圈，采用自下而上的暖光，厚重、密不透风，微微擦亮，营造出厚重沧桑的历史感。如此，通过明暗节奏的变化使空间活起来，使之成为更接近现代生活的灵动空间。

刘恩来（冰窖餐厅主厨）

冰窖与烤鸭的组合，就是冰火两重天。

冰是冷的，亮晶晶的；烤鸭颜色近似枣红，属于暖色调；冰窖环境清凉又安静，烤鸭是热气腾腾的，口感柔嫩又酥脆；冰窖室内的装修风格，是“水文化”一路；而做烤鸭不用说，当然离不开火了。

紫禁城有近六百年历史，宫廷烤鸭传到现在，也有数百年了。在设计一新的故宫冰窖餐厅里推出烤鸭这道主菜，其实也算是把烤鸭带回了故宫，让每一位来故宫游览、访古的普通游客，都有可能在饮食休憩时，品尝到传承百年的美味——这也是文化的传承。

贾先生（冰窖咖啡负责人）

随着故宫冰窖神秘面纱的掀起，悄然之间，冰窖咖啡已服务观众半年有余。这里的一根木柱，一块琉璃，一盆文竹，都会让观众流连驻足，合影留念。正如一位咖啡厅的客人所言：“在古老的紫禁城停留一刻，仿佛做了时间的主人。”

在冰窖的咖啡厅与书吧感受故宫的文化和历史气息，是很一件惬意的事情。一杯咖啡，一盏清茶，一本书，一段紫禁城的难忘时光，必将成为生命旅程中美好的记忆。

为了更好地服务观众，冰窖咖啡将不断提升文化内涵与服务品质，以宫廷文化为元素适时推出新产品，创造更为舒适的空间环境，努力将冰窖咖啡与书吧打造成故宫的一张文化名片，成为海内外观众文旅小憩的好去处。

特别鸣谢：冯辉先生及故宫文化服务中心团队、高萍女士、梁建国先生、王东宁先生、向斯先生、刘恩来先生及提供水晶灯与琉璃砖的团队。

清宫盆景陈设中的微缩自然

文／罗涵

承接前朝家居装饰文化，融汇古典园林艺术、建筑艺术和造型艺术，清宫盆景将大环境的自然造景微缩后，纳于一盆之内。

画珐琅委角长方盆蜜蜡佛手盆景细节 展菲摄

盆景枝叶使用点翠技法，雕刻蜜蜡佛手、山石、灵芝，水仙花则是染色象牙雕刻组合。

琢玉为叶金丝为枝，翠羽点饰宝石生辉，清宫旧藏盆景类文物在效仿自然的审美影响下，将珠宝玉石和金银材料通过扎、穿、叠、坠的手法做成了四季常青的仿生草木花卉微景观，装饰了皇家起居环境，为沉闷的宫廷带来了盎然春意。这些盆景并不单是用于摆设的装饰器物，还有宫灯、壁灯、荷花钟等实用器物，虽过百年依然光彩夺目，远观近赏都足见设计之用心、工艺之考究，着实可以为今时今日之室内装饰所借鉴。

美物

暂先不谈清宫盆景类器物的实用性，单从装饰效果异彩纷呈来说，同它的题材设计、选材用料和制作技法是分不开的。首先，盆景设计围绕着“江山永固、吉祥如意”的内心诉求展开，题材大致分为仿真树木花卉和人物故事场景两大类。

无论哪一类题材，自然景观都是设计的基础，利用各种材料的搭配达到对自然景观近乎等大的重现或者微缩展现。缩小比例的设计一般遵从大自然的层次关系，在单一盆景空间上排布高低层次的树木花草，在用色造型上比现实景观更华丽。如画珐琅委角长方盆蜜蜡佛手盆景主体为佛手树，下层空间点缀了水仙、灵芝，整体层次分明。在盆景材料的选择上，主要有和田玉、翡翠、岫岩玉、水晶、碧玺等宝玉石材料；还有有机宝石材料如象牙、珍珠、珊瑚、蜜蜡；其他有机材料如翠鸟羽毛、各类木材、竹子、丝织品；人工材料如玻璃料器，金属材料如金银铜等。材料种类丰富，各具特色。盆景主体制作一般复合了玉石加工工艺、点翠工艺、丝织品编织工艺、贵金属工艺、木雕工艺、牙雕（象牙染色）工艺等，盆景的底座则多为珐琅、陶瓷、木器、漆器、玉石器。虽说只是室内点缀，但几乎将所有的装饰工艺和装饰材料都集合一体，可谓是金玉琳琅，宛若天开。

紫檀嵌玉座镶珠宝蜜蜡珊瑚仙姑驾凤盆景

使用珊瑚枝拼嵌成飞凤造型，凤嘴衔着小珍珠串，使用蜜蜡雕刻成仙姑造型手持粉晶仙桃，花丝点翠嵌宝做衣饰飘带。凤鸟所踏山石为孔雀石，同仙树和盆景四周同样装饰花丝点翠花草并镶嵌小宝石。寓意福寿吉祥。

掐丝珐琅座红珊瑚双鱼嵌珠翠盆景

盆景底座为掐丝珐琅圆台；其上是象牙雕刻莲藕、玉石荷叶珍珠露珠、多瓣碧玺荷花；中间主体是珊瑚双鱼和碧玺磬饰；上层福树为珊瑚枝缀叠碧玉叶，并在两边垂挂碧玺米珠珊瑚金钱币。寓意吉庆富贵、连年有余。

填漆圆盆碧玉万年青盆景

以碧玉雕琢成万年青叶子，染色象牙制作成红色果实，填插在漆艺圆桶中，寓意“一统（桶）万年”。

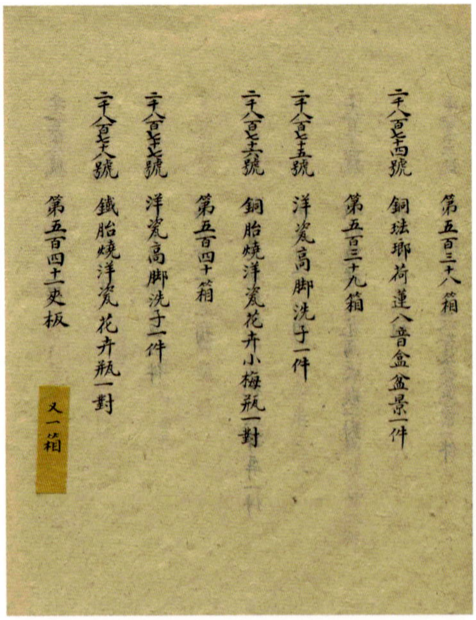

宣统十三年静怡轩陈设档

美置

紫禁城内廷各大宫殿是宫廷盆景陈列之所，据清宫陈设档，宣统二年（1910）记养心殿东暖阁陈设盆景就有过铜珐琅珍珠梅花盆景一对、青玉镶嵌盆景一件、料石花红雕漆盆景一对等；光绪二十八年（1902）乾清宫年节陈设中亦有铜镀金嵌青白玉达（大）理石盆景两盆等；宣统十三年陈设、清室善后委员会均有做盆景类荷花钟的统计。故宫博物院对内廷西路养心殿、储秀宫以及寿康宫所复原的原状陈列，是宫廷盆景摆设的实景装饰范本。这些宫殿均为清代中后期重要的皇室居所，以此为例，分列盆景类器物的摆放情况，能很好地展现当时清代宫廷生活的审美情趣和陈设制式。

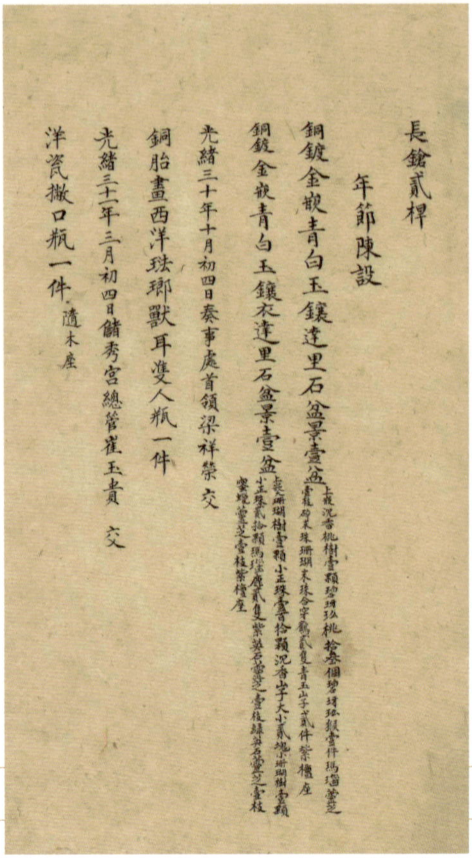

光绪二十八年乾清宫年节陈设档

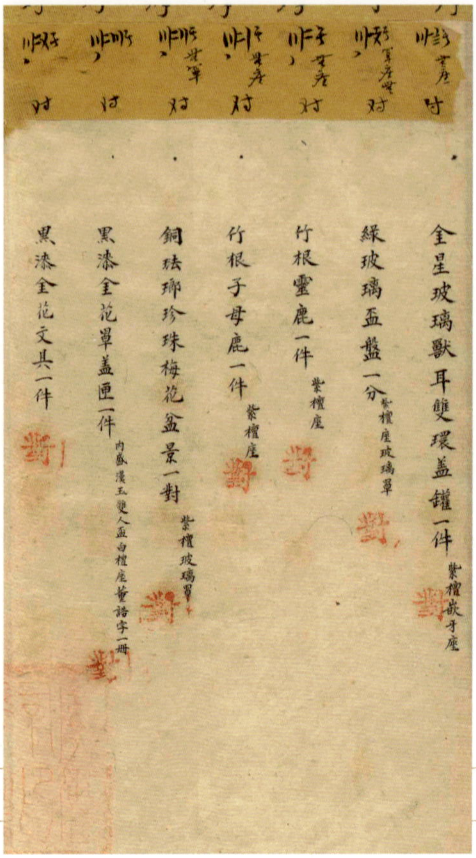

宣统二年养心殿东暖阁陈设档

三希堂内景及壁瓶

金枝玉叶 宛若天开——盆景、壁瓶

养心殿于明代嘉靖年建，自雍正皇帝搬居此处后，这里就一直作为清代皇帝的寝宫，至乾隆年加以改造、添建，成为集召见群臣、处理政务、皇帝读书、学习及居住为一体的多功能建筑群，是清代后期内廷最重要的宫殿。

自故宫博物院对养心殿进行原状布展以来，养心殿东暖阁内设宝座向西，曾是慈禧、慈安两位太后垂帘听政的地方，东暖阁南屋东西窗边的条案上陈设玉石葡萄盆景各一，南墙东西边炕几上陈列铜镀金嵌料石海棠式松树盆景和梅花盆景。养心殿后殿为休息区，在体顺堂东次间北窗条案上陈列荷花盆景一对、铜镀金嵌玻璃瓶玉石花卉瓶盆景一对。由此可见，盆景一般作为案几摆设，靠近窗边，是室内景致和窗外景色的连接。

养心殿西暖阁的三希堂是乾隆皇帝为欣赏王羲之《快雪时晴帖》、王献之《中秋帖》和王珣《伯远帖》这三件希世奇珍的书法作品而专门布置的空间。一如三希堂东墙装饰的 11 件插有盆景花卉的壁瓶和南窗两缘相对的盆景壁瓶，盆景类装饰也常和壁瓶结合成为室内墙面装饰。相对于壁纸和贴落而言，更注重立体感和仿生装饰的效果。

寿康宫原状陈列内景

华灯初上 流光溢彩——宫灯、壁灯

兰膏明烛，华镫错些，传统照明由火、松脂火把到油灯、蜡烛，最后演变成近代电灯具是一个很漫长的历史过程，期间各个时期的灯具在材质、造型、功能和装饰性上都有自己的鲜明特点。从春秋时期的瓦豆灯到战汉时期主要以青铜材质为主的多枝灯、铜釭灯（如河北平山出土的战国十五连枝灯、满城汉墓出土的西汉长信宫灯）；再到唐宋时期陶瓷材质为主的实用型灯具，大多在照明功能的基础上适当兼顾其装饰性。到了明清时期特别是清代，对灯具装饰效果的要求更加突出。在故宫收藏的灯具烛台中，材质上除了之前的金属质、陶瓷质、玉石质灯具以外，还有玻璃和珐琅质的灯具，而其中最为美观的就是盆景式灯具。

寿康宫为清代太皇太后、皇太后居所，太妃、太嫔随居于此，过去皇帝每隔两三日即至此行问安礼，也是内廷十分重要的宫殿。寿康宫恢复的原状陈列中，位于后殿的两件盆景宫灯和盆景壁灯就是盆景类灯具的代表。壁瓶式灯和壁瓶有相近的装饰效果，只不过多了照明的实用功能，而盆景式宫灯一般都是用于宫殿内部空旷处，在照明功能之外，更注重整体装饰功能，明烛照花影、彩光聚满屋是盆景类宫灯想要达到的效果。

硬木嵌玻璃宫灯
罗涵摄

花篮宫灯为悬挂式，花篮底部有可取下的蜡烛铜托，宫灯主体是在木框嵌玉花篮上安插盆景花枝。花枝的材料有和田玉、染绿色象牙片、各色料器、珊瑚等。

铜镀金珐琅开花蝴蝶花盆式钟

奉先钟表馆殿实景 罗涵摄

荷花钟的灵感来源于真实的荷花盆景，荷花莲叶错落排布，在似水镜面上还制作有小鹭鸶，生机勃勃。

芙蓉出水 彩蝶翩翩——景观钟表

中国古代社会以圭表、日晷、漏壶计时，明末清初欧洲机械钟表开始传入，逐渐取代了传统计时器。清代中期开始，宫廷大量使用机械钟表。除外国进口以外，广州、苏州等地也制造钟表进贡内廷，清宫造办处也设做钟处。这些钟表除了计时功能外，还利用机械联动原理配合精致的景观、优美的旋律，堪称极具实用价值，又具娱乐和装饰功能的陈设器物。

奉先殿钟表馆在展的钟表中，铜镀金珐琅转鸭荷花缸钟就是钟表工艺同盆景工艺相结合的代表作。珐琅制荷花缸腹部正面装钟盘，其周围镶红绿料石，缸面以玻璃镜饰宁静水面，中心有鹭鸶围成圈，缸中布置荷塘景观，其中三朵荷花可开合，花心中分别端坐西王母、持桃童子、持桃仙猿。此钟是清宫造办处工匠用广州制作的掐丝珐琅缸和法国的奏乐机械系统装配而成的（描述文字详见故宫博物院官方网站说明，关雪玲撰，2012 年）。 荷花钟的灵感来源于真实的荷花盆景，荷花莲叶错落排布，在似水镜面上还制作有小鹭鸶，生机勃勃。

铜镀金珐琅开花蝴蝶花盆式钟为乾隆时期广州制作的钟表器物，其顶部为一仿真盆景，花瓣上密镶宝石，采用的是西方的镶嵌工艺。花丛中几只蝴蝶停落。座钟的机关启动后，在乐声中蝴蝶振翅欲飞，中心花朵的花瓣渐渐张开，犹如自然界中的花开彩蝶飞舞之景。

铜镀金珐琅转鸭荷花缸钟

竹雕长方盆染象牙花卉盆景

法自然

如前文所述，盆景类装饰器物在皇室起居中十分常见，几乎所有的宫殿都会摆放。这种清宫特色的传统艺术形式，是以效法自然界中花卉草木的美学形态为基础的，例如竹雕长方盆染象牙花卉盆景，是用染色象牙、竹子等材料制作成水仙盛开的景致，最初的目的是打破季节时令对观赏花卉的限制。在此之上，清宫盆景承接的是前朝的家居装饰文化，融汇了古典园林艺术、建筑艺术和造型艺术，将大环境的自然造景微缩后纳于一盆之内。然而在这个微缩的过程中，设计者不满足于简单的重现，还根据自己的想法通过颜色和造型的调整达到对自然实景的夸张，将一些在自然界中无法组合的花卉，或者仙界人物故事表现出来，并赋予其更多的吉祥寓意。可以说，清代宫廷盆景造型艺术源于自然却给人超脱自然的感受。

画珐琅委角长方盆玉石玻璃玉兰盆景

图书在版编目 (CIP) 数据

宫·帝王的花园 . 上 / 空间与陈设编辑室编 . --
北京 ： 故宫出版社 , 2017.6（2023.9 重印）（建筑、空间与陈设）
ISBN 978-7-5134-1002-1
Ⅰ . ①宫… Ⅱ . ①空… Ⅲ . ①紫禁城 – 建筑艺术Ⅳ . ① TU-092.2
中国版本图书馆 CIP 数据核字 (2017) 第 122563 号

《宫 · 帝王的花园》（上）

主　　编：王亚民
执行主编：宋小军
副 主 编：梁 爽
专题编辑：刘 晴　刘 玄
新媒体编辑：刘 玄
视频编辑：陈 伟
流程编辑：陈 伟
设　　计：北京知凡文化艺术有限公司
扉页题字：徐 冰

空间与陈设编辑室出品

电 话：010 - 65214118
Email：SCFFCP@126.com

故宫文物图片由故宫博物院资料信息部提供

责任编辑：王 萍
责任印制：马静波　常晓辉
出版发行：故宫出版社
地址：北京市东城区景山前街 4 号　邮编：100009　邮箱：ggcb@culturefc.cn
电话：010 - 85007808 85007816　网址：www.culturefc.cn

印　刷：北京雅昌艺术印刷有限公司
开　本：889 毫米 ×1194 毫米 1 / 16　印 张：11　字 数：40 千字
版　次：2017 年 6 月第 1 版　2023 年 9 月第 3 次印刷　印 数：9001 ~ 10500 册
书　号：ISBN 978-7-5134-1002-1
定　价：97.00 元